"十二五"职业教育国家规划立项教材
新编全国旅游中等职业教育系列教材

中国饮食文化

ZHONGGUO YINSHI WENHUA

陈璇子 贺正柏◎主编
杨祖远◎参编

北京·旅游教育出版社

责任编辑:张　萍

图书在版编目(CIP)数据

中国饮食文化 / 贺正柏主编. -- 北京 : 旅游教育出版社, 2017.1 (2024.7)
新编全国旅游中等职业教育系列教材
ISBN 978-7-5637-3495-5

Ⅰ. ①中… Ⅱ. ①贺… Ⅲ. ①饮食—文化—中国—中等专业学校—教材 Ⅳ. ①TS971.2

中国版本图书馆 CIP 数据核字（2016）第 303459 号

新编全国旅游中等职业教育系列教材

中国饮食文化

贺正柏　主　编

出版单位	旅游教育出版社
地　　址	北京市朝阳区定福庄南里 1 号
邮　　编	100024
发行电话	(010)65778403 65728372 65767462(传真)
本社网址	www.tepcb.com
E-mail	tepfx@163.com
排版单位	北京旅教文化传播有限公司
印刷单位	北京泰锐印刷有限公司
经销单位	新华书店
开　　本	710 毫米×1000 毫米　1/16
印　　张	11.125
字　　数	173 千字
版　　次	2017 年 1 月第 1 版
印　　次	2024 年 7 月第 7 次印刷
定　　价	28.00 元

(图书如有装订差错请与发行部联系)

出版说明

结合《现代职业教育体系建设规划(2014—2020年)》的指导意见和《教育部关于“十二五”职业教育教材建设的若干意见》的要求,我社组织旅游职业院校专家和老师编写了“新编全国旅游中等职业教育系列教材”。这是一套体现最新精神的、具有普遍适用性的中职旅游专业规划教材。

该系列教材具有如下特点:

(1)编写宗旨上:构建了以项目为导向、以工作任务为载体、以职业生涯发展路线为整体脉络的课程体系,重点培养学生的职业能力,使学生获得继续学习的能力,能够考取相关技术等级证书或职业资格证书,为旅游业的繁荣和发展输送学以致用、爱岗敬业、脚踏实地的高素质从业者。

(2)体例安排上:严格按教育部公布的《中等职教学校专业教学标准(试行)》中相关专业教学要求,结合中等职业教育规范以及中职学生的认知能力设计体例与结构框架,组织具有丰富教学经验和实际工作经验的专家,按项目教学、任务教学、案例教学等方式设计框架、编写教材。

(3)内容组织上:根据各门课程的特点和需要,除了有正文的系统讲解,还设有案例分析、知识拓展、课后练习等延伸内容,便于学生开阔视野,提升实践能力。

旅游教育出版社一直以“服务旅游业,推动旅游教育事业的发展”为宗旨,与全国旅游教育专家共同开发了各层次旅游及相关专业教材,得到广大旅游院校师生的好评。在将这套精心打造的教材奉献给广大读者之际,深切地希望广大教师学生能一如既往地支持我们,及时反馈宝贵意见和建议。

旅游教育出版社

前 言

中国的饮食在世界上享有盛誉。中国饮食文化是中华民族在长期的生产和消费实践中所积累的物质财富和精神财富的总和。了解我国悠久的饮食历史、民俗和饮食美学,掌握中国饮食文化的内涵,是一名优秀旅游工作者所必须具备的条件。

近年来,随着我国经济发展,旅游业也取得了蓬勃的发展。我国已成为亚洲的旅游大国。在新的市场条件下,我国旅游业急需一大批能够宣传和推销我国旅游产品的专业人才。本书即是为了满足这一需要而编写的。

本书既可作为中职旅游学校旅游服务与管理专业和导游服务专业的专业课教材,同时也可作为烹饪专业的教学用书,其主要特点是知识准确、通俗易懂,便于读者掌握和学习。本书与其他同类教材相比,还具有以下亮点:

1.定位准确。本书抓住中职教育主要是培养"中、初级专门人才"这一根本,在内容上既不"偏高",也不"偏杂",组织构架恰当。

2.重视基础。本书能紧扣旅游服务与管理专业的特点,清晰地阐述知识体系中的重点、难点和盲点,使学生在学习中能很好地抓重点、突难点、解盲点。

3.突出实践。本书的教材从实践中来,通过教与学再回到实践中去,结合较为完美,体现了一种全新的教学理念。

本书由贺正柏(四川省旅游学校)主编,陈璇子(四川省旅游学校)、杨祖远(四川省旅游学校)参编。其中第一、第二、第三章由贺正柏编写,第四、第五章由杨祖远编写,第六、第七、第八章由陈璇子编写,贺正柏统稿。由于作者经验不足,时间仓促,书中存在缺点和不足在所难免,敬请广大读者批评指正。

编者

2016 年 10 月

目 录

第一章　中国饮食文化的起源和发展

课前导读

饮食文化是复杂的人类生活现象，它几乎同人类文化的任何门类都有不同程度的关系，可以说任何一个民族的文化在一定意义上都是一种饮食文化。中国饮食文化是人类饮食的一部分，也是中国文化的一部分。中国饮食起源于何时？经历了哪几个发展阶段？各阶段又有什么特点？现代中国饮食又是一个什么样的状况？本章将一一阐述。

学习目标

- 了解中国饮食文化的发展阶段
- 了解中国饮食文化各阶段发展的基本特征
- 了解现代中国饮食发展的状况
- 掌握中国饮食发展的方向

第一节　中国饮食文化的萌芽时期

一、中国饮食的萌芽

据考古，中国饮食的萌芽时期大约为公元前6000年至公元前2000年左右的新石器时代。这一时期饮食文化的发展主要以物质形态的文化内容为主。其具有的基本条件有以下几方面。

（一）稳定的原料来源

在距今10 000年至8000年前的新石器时代，已经有了一些原始的农耕部落，创造了粟作农业文明。人们逐渐掌握了种植谷物和养殖禽畜的技术，黄河流域及长江中下游的农业和畜牧业有了一定的发展。中国古代将栽培的谷物统称为五谷或百谷,主要包括稷(粟)、黍、麦、椒(豆)、麻、稻等。原始农业的发生和发展,使人类获取食物的方式有了根本改变,变索取为创造,变山林湖海养育为黄土大河养育,饮食生活有了全新的内容。原始农耕的发展,同时也产生了另一个辅助性的食物生产部门——家畜饲养业。家畜中较早驯育成功的是狗。中国传统家畜的“六畜”,即马、牛、羊、鸡、狗、猪,在新石器时代均已驯育成功,其中最重要的家畜是猪。

人工种植和饲养禽畜,使得中国古人的食物原料来源开始相对稳定,为中国人民文明饮食的萌芽创造了必不可少的条件。

想一想

用火熟食有什么意义?

答:用火熟食是一场人类生存的大革命,也是人类第一次能源革命的开端,标志着人类从野蛮走向文明。

在史前时期,古人类以打制的石器为主要工具,主要以采集和渔猎获取食物原料,处于“茹毛饮血”的生食状态,经过漫长的岁月,原始人渐渐发现被山火烧熟的野兽和坚果焦香扑鼻,并易咀嚼。此后在自然火灾中反复尝食,日渐认识了火的熟食功能,自然火由此开始使用。后来,人们在长期的劳动实践中,悟出了“钻木取火”之法。周口店北京人洞穴遗址发现的用火遗迹,表明中国用火的年代距今在50万年以上。

人们在劳动中悟出了取火和保存火种的方法以后,熟食的比重逐渐增加,用火熟的方式也由简单向复杂演进,烹饪技艺逐渐发展和完善起来。这时的烹饪方式主要还是烧烤,将食物在火中直接烤熟,这种方法流传使用到现代,仍可制出美味佳肴。

火的使用扩大了食物来源。改变了食物的内部结构,使其更有利于人体吸收,而火又具有消毒杀菌的作用,这就使熟食比生食更卫生,从而减少了肠胃疾病,增强了人类的体质。

(二)陶器的发明

关于陶器的发明,中国古代有各种传说,如黄帝做陶,神农做陶,但实际上,陶器是先民们在无数次的实践中发现,被火烧过的黏土会变成坚硬的泥块,其形状与火烧前完全一样,而且不会熔散,于是,人们就试着在荆条筐的外面抹上厚厚的泥,风干后放入火堆里烧,当取出来时荆条已化为灰烬,剩下的便是与荆条筐形状相同的坚硬之物，这就是最早的陶器，出现在新石器时代。

最初的陶器多为炊器，证实它是人类饮食生活发展到高一阶段的产物。中国陶器大约创始于距今 1 万年前，而且多为釜、鼎、鬲、甑等。陶器的出现和制陶业的兴起，在中国的饮食史上具有划时代的意义。

（三）炉灶的发明

最早的炉灶出现在新石器时代。炉以陶土塑成，与陶器一样入窑烧成。仰韶文化和龙山文化居民比较喜爱用陶炉烹饪。陶炉是活动的灶，机动性较大。火灶为固定建筑，其重要性远在陶炉之上。生活在黄河中下游地区的仰韶文化居民，已经有了稳固的定居传统，一座座简陋的房屋聚合成村落，人们按一定的社会和家族规范生活其间。这些或大或小的住所，既是卧室兼餐厅，同时又是厨房，没有更多的设备，但几乎无一例外都有一座灶坑，再就是不多的几件陶器。

（四）调味品的出现

调味品是指在饮食、烹饪和食品加工中广泛应用的，用于调和滋味和气味并具有去腥、除膻、解腻、增香提味作用的产品。

陶器发明以后，就有了调味品的产生和发展。直到调味品的出现，人类的食品之味才变得丰富多彩。盐的使用，在饮食史中是继火之后的第二次重大突破。

中国古代最早发现和利用自然盐是在洪荒时代，与动物对岩盐、盐水的舔饮一样，是出自生理本能。中国古代流传下来的“白鹿饮泉”“群猴舔地”的记载，都说明了这一点。

酒在史前时期就已出现，人工酿酒具体的起源时间现无确切资料说明，但仰韶文化遗址出土的陶器，大汶口文化遗址出土的陶酿酒器，河姆渡文化遗址出土的调酒用的陶器等，都说明了我国在新石器时代已开始人工酿酒。

二、中国饮食萌芽时期的基本特征

中国饮食的萌芽时期所经历的时间大约有 4000 年。在这漫长的时间里，先民从完全的依靠自然到改造自然，开始农耕和畜牧，饮食生活发生了明显的变化。综观整个中国饮食文化的萌芽时期，有以下特点：

（1）火的发现、利用到“钻木取火”，火烹、石烹到陶烹，采集、渔猎到发明原始的种植业、养殖业，凝结着原始先民们的血汗和智慧。

（2）以火熟食，陶器的发明，是中国饮食文化发展的重要里程碑，不但使人们结束了茹毛饮血的时代，更使中国社会文明出现了一次飞跃。

（3）烹饪技艺初步发展，食物原料开始初步加工，产生了蒸煮的烹饪方法和调味方法。

第二节　中国饮食文化的形成时期

中国饮食的形成，经历了从夏朝到春秋战国近2000年的时间。在这一时期，中国的政治、经济、文化等发生了极大的变化。

一、统治地位的更替，促进了农牧业的发展，烹饪原料范围扩大

在夏朝，中国已出现了以农业为主的复合型经济形态，农业生产已有了相当的发展。《夏小正》中有“囿有见韭”“囿有见杏”的记录，这是关于园艺种植的最早记载。到了商朝，商王很重视畜牧业的发展，祭祀所用的牛、羊、猪经常要用上几十头或几百头，最多一次用上千头。公元前11世纪，周武王灭商，建立周王朝。通过分封制和井田制等一系列制度的创立和实施，使社会得到全面发展，进入奴隶社会的鼎盛时期，食物原料进一步扩大，有所谓的五谷、六畜、六兽、六禽等。战国时期，铁农具和牛耕普遍推广，荒地大量开垦，生产经验的总结上升到理论高度。由于统治者对农业生产的重视，当时还出现了以许行为首的农家学派。而畜牧业在当时也很发达，养殖进入了个体家庭，考古发现当时已能养鱼。农业的发达，养殖畜牧等副业的兴旺，为烹饪创造了优厚的原料物质条件。

二、手工业的分工，生产规模越来越大，烹饪工具不断更新发展

手工业技术在夏至战国期间所呈现出的特点是分工越来越细，生产技术越来越精，生产规模越来越大，产品的种类越来越多。夏代已开始了陶器向青铜器的过渡，夏代有“禹铸九鼎”的传说，商、周两代的青铜器已达到炉火纯青的程度。不过，这些精美的青铜器都是贵族拥有的，广大农奴或平民还是使用陶或木制的烹煮、饮食器具。青铜工具的使用弥补了陶器的不足，使得可采用油脂来烹制菜肴，并使厨师的刀工趋于精细。

河北藁城台西村发现的商代漆器残片说明，在商代已出现了漆器，至春秋战国时，漆器已相当精美，餐饮具种类越来越多。除漆器外，如象牙器、骨器、玉石器等也登上了筵席和祭礼席。

三、烹饪工艺的改进和完善，饮食产品空前丰富

在改进和完善烧烤、水熟法的基础上新增加油烹和勾芡上浆两种新技法，是这一阶段的烹饪方法的突出成就。这一时期，厨师的刀工技艺已达到了相当高的水平。《庄子·庖丁解牛》中描述了庖丁刀工技艺“游刃有余”的绝技。虽然是典故，

但从中可以看出当时的刀工技艺确实相当高超。对火候和调味的讲究在《吕氏春秋·本味》(“五味三材,九沸九变,火为之纪:时疾时徐,灭腥去臊除膻,必以其胜,无失其理”)和《周礼·内则》(“凡和,春多酸,夏多苦,秋多辛,冬多咸,调以滑甘”)等古书中都有记载。由于新的烹饪技法的出现,饮食产品空前丰富,从《周礼》《礼记》等文献可知,当时的食品就有饵、餐、糗、粉等主食类,炙、羹、齑、脯、脍、胙等菜类:《周礼·天官》记载了我国最早的“名菜”——“八珍”,即淳熬(煎肉酱盖浇米饭)、淳毋煎(肉酱盖浇黍米饭)、炮豚(包烤乳猪)、炮群(包烤羊羔)、捣珍(捶打后煮熟再揉软了的肉)、渍(酒浸生牛肉片)、熬(生腌肉干)、肝背(烤狗网油包狗肝)。除八珍外,还有“三羹”“五齑”(切碎的菜)“七墨”(腌菜)等名食品。

四、筵宴的初步形成和发展,促进了饮食市场的形成

筵席是在原始的聚会和祭祖祭神等需要中产生的。到殷商时代,因为殷人特别相信神鬼,祭神的宴席非常多。到了周代,生产的发展,食物原料的丰实,周王朝把宴会发展到朝会、朝聘、游猎、出兵、班师等国家政事及生活的各个方面。

特别提示

筵和席在古代是相同之物,隋唐以前,人不使用桌椅,屋内地上铺竹席,底层粗的叫筵,筵上面铺的精细竹席叫席,合而统称筵席,人皆席地而坐,在上面饮酒吃肉,称为筵席。现在的摆筵席,基本上是一个称谓的延续,既没有筵也没有席,只有桌椅。

由于生产力的发展,剩余产品的交换,贸易的兴起,这一时期饮食市场开始出现,如朝歌屠牛、孟津市粥、宋城酤酒、齐鲁市脯,皆为当时有影响的饮食经营活动。据《周礼·地官司徒·遗人》记载,在国内的大道上,十里设一庐舍,每一庐舍中都有饮食。

五、烹饪理论初露端倪,饮食养生理论体系开始建立

从商周两代到春秋战国,中国烹饪理论雏形逐步形成。《吕氏春秋·本味》为中国烹饪理论之开山鼻祖。《周礼·天官》和《礼记·内则》对中国早期的烹调技术做出了高度的总结,从原料的选择、刀工的使用,到菜品的烹制、火候的掌握、口味的调剂以及菜品的色、香、味、形等要求都有了一般性的规范,许多观点至今仍有借鉴价值。

在饮食养生理论方面,《黄帝内经》和《神农本草经》保留了大量上古先民的养生保健经验,饮食养生理论体系初步建立。"五谷为养,五果为助,五畜为益,五菜为充"的中国传统饮食结构已经形成,这一饮食结构框架一直延续至今。

第三节 中国饮食文化的发展时期

从公元前 211 年的秦朝到公元 960 年的唐朝,中国饮食文化经历了一个发展壮大的重要时期。在这 1200 多年,中国饮食文化承上启下,创造了一系列的文化财富,为后来中国饮食文化的成熟开辟了道路。

一、食物原料来源更加丰富

秦统一中国后,生产力有了很大的发展,这一时期食物原料除了来源于农业、畜牧业和部分采集渔猎外,其重要途径是新技术条件下的新原料开发和新原料的引进。我国新原料的大量引进始于汉朝,汉代使者张骞出使西域,引进了许多食物原料,如胡瓜、胡豆、胡椒、菠菜等。这些原料,给中国的饮食发展提供了新的物质基础。而豆腐的发明,对中国和世界饮食都有巨大的贡献。据史料和出土文物证实,豆腐出现在汉朝,相传是汉代淮南王刘安发明的。

汉代以前,人们都是用动物油脂烹制菜肴,在汉代,人们更多地使用植物油脂来烹制菜肴。在调味料方面,与以前相比,新增了豆豉和蔗糖等。到魏晋南北朝,橘皮、姜、葱、蒜、胡椒等均已作为调味品使用。至于海味,唐代的食谱上已有海蟹、比目鱼、海蜇等海产品出现。

二、能源和炊餐具用品有了新的改进

(一)能源的改进

从汉代到唐朝,中国饮食的主要能源物质是树木、杂草、木炭等,这一时期,能源的新突破表现在用煤做燃料。中国是世界上最早用煤做燃料的国家。煤做燃料起源于汉代,烹饪用煤则是在东汉,但不普及。到南北朝,用煤来烹制食物较盛行。唐代,煤已成为常用的燃料。

(二)炊具的改进

炊具的改进主要表现在铁制炊具的使用。秦汉以后,由于炼铁技术的提高,铁器已普及到人们日常生活的各个方面,铁制炊具无论在数量上还是质量上都有很大的提高,并已经广泛用于饮食烹饪中。其中的铁锅和刀具为我国烹饪方法和刀工技艺的发展创造了必要的物质条件。在炉灶方面,发明了多火眼的陶灶、曲灶、

高突灶等。

（三）餐具的改进

餐具的改进主要表现在瓷制餐具的使用。在唐代，瓷制餐具大量涌现，成为餐具的主力军。瓷制餐具的干净、美观，使饮食菜肴大为增色。这一时期，中国烹饪审美所指的“色、香、味、形、器”已完全呈现。

三、烹饪工艺不断发展创新

（一）烹饪环节分工细化

秦汉以后，烹饪制作日趋精细，出现了烹饪环节的两大分工：炉案分工；红案、白案分工。由于这两大分工，促进了这一时期烹饪技术的进一步提高，特别是刀工技艺，已达到了十分高超的水平。三国时期，曹操的小儿子曹植在《七启》中生动地形容过切生鱼片的情景：“蝉翼之割，剖纤析微。累如迭縠，离若散雪。轻随风飞，刃不较切。”原料切片薄如蝉翼，可以清楚看到细细的纤维，叠起来轻薄、纤细透亮，像一层层丝织品，风一吹好像飞雪一样飘起来。虽然是文学性的夸张，但的确反映了当时的刀工水平。

（二）烹饪技艺不断创新

隋唐时代，菜点也出现了新的发展。尼姑梵正仿照诗人王维的“辋川别墅”景物制造的大型风景拼盘“辋川小样”，是用酱肉、肝、酱瓜之类的食物，把“辋川别墅”中的泉水、山峦、湖泊、园林在食盘中拼制出来，可谓匠心独具，开我国烹饪冷盘花拼之先河。

在面点制作中，《清异录》所列举的“建康七妙”可反映当时的制作水平，即“齑可照面，馄饨汤可注砚，饼可映字。饭可打擦台、湿面可穿结带，饵可作劝盏，寒具嚼着惊动十里人”。

汉代的烹调方法大量增加，如杂烩、涮，唐代的冰制、冷淘，南北朝的消、糟、瓤、酱等。尤其是南北朝时出现的炒，引起了烹调技术的大飞跃。

四、筵席和饮食市场逐渐兴盛

（一）筵席

从秦汉至南北朝，饮宴日益盛行，无论是宫廷还是民间都有大摆筵席的习俗。隋唐时期，筵宴的形式多样，名目繁多，规模庞大，菜点精美，如游宴、船宴等颇为独特，尤以唐代长安曲江的各种游宴为盛。

（二）饮食市场

饮食市场的繁荣反映了一个时期的经济文化生活的兴盛。秦汉至隋唐时期，农业和手工业的大发展、都市的扩大、商业的繁荣，带动了酒楼、饭店日益兴旺。唐朝长安城里著名的食店就有长兴坊的毕罗店、颁政坊的馄饨曲、辅兴坊的胡饼店、长乐坊的稠酒店等，还有少数民族特色的“胡姬酒肆”，非常著名。唐宋时期，长安、扬州、苏州、杭州等地还有饮食夜市，通宵达旦地营业。

五、烹饪理论研究趋于完善

唐宋时期出现了专门的饮食典籍，饮食著述数量迅速增多，论述也较为详细、全面。烹饪理论研究逐渐趋于完善。比较著名的饮食专著如唐代孙思邈的《千金要方·食治》、孟诜的《食疗本草》等。唐代在实践基础上写出了我国第一部刀工专著《砍脍法》。

第四节　中国饮食文化的成熟时期

元明清三朝是中国封建社会的后期，这一时期，中国社会的经济、政治、文化都有了极大的变化，这些变化促使了中国饮食的成熟。

一、食物原料十分广博

中国饮食在这一时期，除了继续发现和利用新的野生动植物品种，不断提高各种技术培养和创制新品种外，外域烹饪原料大量地引进中国，如辣椒、番薯、番茄、南瓜、四季豆、土豆、花菜等。元代航海和水运事业的发展，使我国的海味食源也越来越丰富，如鱼翅、海参在元代登上了筵席，作为高档原料使用。

二、餐饮器具精美绝伦

炊器在宋代进行了改良。如宋代的镣炉，外镶木架，下安轮子，可以自由移动，不用人力吹火、炉门拨火，清洁无烟，易于控制火候。宋代还使用多层蒸笼蒸制食品，节约了时间。另外，元明清三朝是中国瓷器的繁荣鼎盛时期，景德镇成功地创烧出釉下彩的青花、釉里红以及属于颜色釉的卵白釉、铜红釉、钴蓝釉，景德镇发展成为全国的制瓷中心，所制餐饮器具品种众多、造型独特新颖。元明清时期，金属餐饮器具在数量和质量上有很大提高。仅以金银器而言，其造型和装饰都非常考究。如清朝御用的酒具云龙纹葫芦式金执壶，采用浮雕装饰手法，花纹突出且密布于壶面，纹饰以祥云、游龙为主，显得高贵豪华且富丽堂皇。

三、烹饪工艺体系完善

宋元时代出现了许多新的烹调技法，如“烧烤”。在面点制作中，不仅可用冷、热、沸水和面,还可制作发酵面团、油酥面团,其成型技术已达到很高水平。据《素食说略》记载,清代的“抻面”可拉成三棱形、中空形、细线形等形状。清代扬州的伊府面就是将面条先微煮,晾干后油炸,再入高汤略煨而成,形式和风格类似于当今的方便面。在菜肴制作中,切割技术迅速提高,出现了多花形刀工刀法名称,明代出现了整鸡出骨技术,清代筵席中有了体现高超刀技的瓜盅。

在调味品上,元代出现了红曲,明代有糟油、腐乳、砂仁、花椒,清朝末期则吸收了西餐技术,以番茄酱、咖喱粉调和原料。

四、地方风味流派形成

饮食形成地方风味流派,是与政治、经济、地理、物产、习俗等因素密切相关的。早在周朝时期,便有“周朝八珍”和“楚宫名食”代表着北方与南方菜肴不同的特点,开始了中国饮食南北地区风味的分野。秦汉以后,区域性地方风味食品的区别更加明显,南北各主要地方风味流派先后出现雏形。进入唐宋时期,各地的饮食烹饪快速而均衡地发展,据孟元老的《东京梦华录》等书记载,在两宋的京城已经有了北食、南食和川食等地方风味流派的名称和区别。到清朝中晚期,东西南北各地的烹饪技术全面提高,加上长期受地理、气候、物产、习俗等因素差异的持续影响,主要地方风味形成稳定格局。清末徐珂的《清稗类钞·饮食类》大致描述了当时四方的口味爱好:“北人嗜葱蒜,滇、黔、湘、蜀人嗜辛辣品,粤人嗜淡食,苏人嗜糖。”他还客观地记录了他所了解的地方风味发展状况,指出:“肴馔之有特色者,为京师、山东、四川、广东、福建、江宁(即南京)、苏州、镇江、扬州、淮安。”

在清朝形成的稳定的地方风味流派中,最具代表性的有全国政治、经济、文化中心北京的京味菜,中国重要经济中心上海的上海菜,黄河中、下游流域的山东风味菜,长江上游流域的四川风味菜,珠江流域的广东风味菜,江淮流域的江苏风味菜。这些菜系对清朝以后的中国饮食烹饪有着深远的影响。当今闻名世界、习惯上称为“四大菜系”的川菜、鲁菜、粤菜、苏菜,就是在清朝形成的稳定的地方风味流派基础上进一步发展起来的。

五、饮食市场繁荣兴盛

两宋至明清的饮食行业随着都市的扩大,农业、手工业的发展,商业出现了崭新的面貌,餐饮业经营档次齐全,网点星罗棋布,不仅有大型酒楼、餐馆,也有微型的饭馆和流动食摊,饮食楼馆遍布城市各个角落,满足不同阶层人士的需要。经营方式灵活,不仅有综合性的酒楼,也有面店、茶肆、小吃等专一性的经营方式,并且营业时间延长,服务周到,分工精细。

六、筵宴日臻成熟鼎盛

元明清时期，中国的筵宴已经成熟，并且走向鼎盛时期。随着社会经济的繁荣，各民族的大融合，人们更加追求宴饮的豪华与排场，筵宴种类不断增多，规模更加宏大，礼仪与格局更趋于烦琐，菜点制作更为精美。如清朝的千叟宴，因赴宴者为千名65岁以上的耆老而得名。据《御茶膳房簿册》记载，千叟宴一次就摆了800张筵席。从静候皇帝开座就位、进茶、奉觞上寿到皇帝起驾回宫，整个程序烦琐，礼仪繁杂。清代最著名、影响最大的当数满汉全席，其兴起于清朝中叶，是满汉饮食合璧的筵席，包括大小菜肴108道，其中南菜54道，北菜54道，点菜不算，仅满洲饽饽大小花色品种44道，一席使用面粉22.4千克。

知识拓展

六种满汉全席

（一）蒙古亲藩宴

此宴是清朝皇帝为招待与皇室联姻的蒙古亲族所设的御宴。一般设宴天正大光明殿，由满族一、二品大臣作陪。历代皇帝均重视此宴，每年循例举行。而受宴的蒙古亲族更视此宴为大福，对皇帝在宴中所例赏的食物十分珍惜。

（二）廷臣宴

廷臣宴于每年上元后一日即正月十六日举行，是时由皇帝亲点大学士，九卿中有功勋者参加，故赴宴者荣殊。宴所设于奉三无私殿，宴时循宗室宴之礼。皆用高椅，赋诗饮酒，每岁循例举行。蒙古王公等皆也参加。皇帝借此施恩来笼络属臣，而同时又是廷臣们功禄的一种象征形式。

（三）万寿宴

万寿宴是清朝帝王的寿诞宴，也是内廷的大宴之一。后妃王公，文武百官，无不以进寿献寿礼为荣。期间名食美馔不可胜数。如遇大寿，则庆典更为隆重盛大，系派专人专司。衣物、首饰、陈设及乐舞宴饮一应俱全。

（四）千叟宴

千叟宴始于康熙，盛于乾隆时期，是清宫中规模最大、与宴者最多的盛大御宴。康熙五十二年在阳春园第一次举行千人大宴，玄烨帝席赋《千叟宴》诗一首，故得宴名。

（五）九白宴

九白宴始于康熙年间。康熙初定蒙古外萨克等四部落时，这些部落为表示投诚忠心，每年以“九白”为贡，即白骆驼1匹、白马8匹，以此为信。蒙古部落献贡后，皇帝以御宴招待使臣，谓之九白宴。每年循例而行。

（六）节令宴

节令宴系指清宫内廷按固定的年节时令而设的筵宴。如元日宴、元会宴、春耕宴、端午宴、乞巧宴、中秋宴、重阳宴、冬至宴、除夕宴等，皆按节次定规，循例而行。满族虽有其固有的食俗，但入主中原后，在满汉文化的交融中和统治的需要下，大量接受了汉族的食俗。又由于宫廷的特殊地位，逐使食俗定规详尽。其食风又与民俗和地区有着很大的联系，故腊八粥、元宵、粽子、冰碗、雄黄酒、重阳糕、乞巧饼、月饼等在清宫中一应俱全。

七、饮食理论著述丰富

宋元明清时期，中国饮食专著特别丰富。

元代饮食专著民间饮食以《居家必用事类全集》“饮食部”为代表，以南方风味为主。宫廷饮食以《饮膳正要》为代表，是一部饮食保健资料系统汇编。

明代饮食专著有兼收南北风味的《宋氏养生部》《遵生八笺》《易牙遗意》等。

清代有《随园食单》《养小录》《中馈录》《调鼎集》《闲情偶记·饮馔部》等。对后世影响最大的是袁枚著的《随园食单》，是袁枚用四十多年的时间写成的一部对中国饮食理论进行全面性总结的专著。它的出现，标志着中国传统饮食理论达到成熟阶段。

第五节　现代中国饮食文化

清朝灭亡，奏响了中国饮食文化走向现代的序曲。经过一个世纪的发展，无论从物态文化还是从社会心理文化的角度看，现代的中国饮食文化与传统的饮食文化都有着很大的不同，已构成了一个全新的体系。

一、饮食生产工具越来越现代化

现代饮食生产工具的现代化集中体现在能源和设备上。就能源而言，在城市里煤气、天然气、液化石油气、太阳能、电能等能源已取代木柴、煤，而生产设备则变得越来越现代化，微波炉、电烤箱、冰箱、切肉机、压面机、和面机、饺子机、打蛋机、磨浆机等设备越来越多地进入餐馆、饭店和家庭，使人们的生产劳动变得省时且方便、卫生。

二、饮食生产方式越来越现代化

饮食生产方式的现代化，一方面表现在餐馆、饭店中越来越多地出现了以机械代替手工操作的劳动，如切肉机、绞肉机代替厨师手工进行切割等；另一方面是食品工业的兴起，如火腿、月饼、香肠、包子、饺子、面条等传统手工生产食品进入食品工厂生产，还有罐头食品、半加工蔬菜等，使大批量的食品生产更加规范化和标准化。

三、饮食烹饪原料生产越来越现代化

随着对外开放的日益扩大，我国从国外引进了许多优质的烹饪原料，而科学技术的发展又使物质财富极大地丰富起来。渔业的机械化，促进了捕捞技术的发展；人工养殖业的发展使各种海产品不断增加；人工栽培、温室培育的发展，高科技转基因技术的应用等，都使烹饪原料得到了极大的丰富。烹饪原料的日益丰富，为烹饪技术的发展提供了物质条件。新的菜点不断涌现，饮食生产管理更加科学化、现代化。

四、饮食生产技术越来越现代化

中国饮食的发展方向是在坚持“以人为本，以味为纲，以技为目”原则的基础上，通过具有现代意义的工业烹饪与手工烹饪两种制作方式和异彩纷呈的菜点风格，实现科学化与艺术化的完美统一，满足人们对饮食科学合理、方便省时、愉快有趣的新要求。

现代意义的工业烹饪，是指用现代高科技设备和生产技术生产各种食品，其特点是用料定量化、操作标准化、生产规模化，科学卫生、方便快捷，如生产各种快餐食品和方便食品等。工业烹饪主要是满足人的生理需求，但也不能忽视人的心理需求，应在注重科学的基础上辅以艺术审美形式，在保证高效稳定的前提下让人们愉快地吃。而现代意义的手工烹饪，是指利用现代科学理论与方法，对传统手工烹饪进行改革的继承与发扬，生产出个性化的特色食品，其特点是个性化、创造性。手工烹饪重在满足人们的心理需要，但也不能忽视人们最基本的生理需要，将在注重艺术性的基础上辅以标准化，力求在特色突出的前提下让人们吃得更科学。两者相互补充、发展，必然会使菜点异彩纷呈，满足人们各种新要求，实现中国饮食科学化与艺术化的完美统一，创造出食品文化更加辉煌、灿烂的未来。

五、饮食文化交流越来越现代化

由于现代交通的日益发达、便捷，人口流动的增加，信息传播的迅捷，各民族、各地区及国内外的交流更加频繁。为了促进和提高烹饪技术,各种类型的交流活动不断涌现,如物种交流、物产交流、各种食品制造技术的交流、烹饪技艺的交流等,促进了饮食文化的迅速发展。

想一想

中国美食标准与西方人有什么区别?

答:中国人以食品的色、香、味、形为美食标准,其中味为核心;西方人以食品的营养作为美食的重要标准。

改革开放以来,全国各地兴建了各种风味餐馆,尤其是旅游业的兴起和迅猛发展,各种高星级饭店、高级餐厅逐年增加,烹饪设施设备、烹调技术和服务质量不断提高,促进了饮食市场的繁荣。

本章小结

中国饮食历史悠久,从产生、发展到繁荣,经历了漫长的过程,有着辉煌的历史。从最早的茹毛饮血到发现火并利用了火,使得中国的饮食文化得到了蓬勃的发展。近现代中国饮食更是出现了繁荣的景象。中国饮食每一个时期,都有自己的独特之处,值得继承和发扬。

思考与练习

一、基本训练

(一)概念题

1.烹饪

2.陶器

3.筵宴

(二)选择题

1.中国饮食文化在(　　)时期进入了烹调阶段。

A.萌芽　B.形成　C.发展　D.成熟

2.相传豆腐是在(　　)代发明的。

A.秦　B.汉　C.隋　D.宋

3.清代袁枚用 40 多年的时间写成了一部对中国饮食理论进行全面性总结的

专著是(　　)。

A.《随园食单》　B.《养小录》　C.《中馈录》　D.《调鼎集》

(三)简答题

1.中国饮食的起源经历了几个阶段?

2.《周礼·天官》记载了我国最早的"名菜"("八珍")指的是哪些菜?

3.中国饮食未来发展的趋势是什么?

(四)问答题

1.现代中国饮食有什么特点?

2.为什么说任何一个民族的文化在一定意义上讲都是饮食文化?

二、理论与实践

(一)分析题

1.为什么汉代是中国饮食文化史上的一个重要的转折时期?

2.与传统的饮食文化相比,我国现代饮食文化具有什么特点?

(二)实训题

根据中国饮食未来的发展方向,"以人为本,以味为纲,以技为目"的原则,试着设计一份异彩纷呈的菜单,要求既科学化又艺术化,能满足人们对饮食科学合理、方便省时、愉快有趣的新要求。

第二章　中国饮食的风味流派文化

课前导读

风味广义是指具有地方特色的美味食品，狭义是指特殊滋味。风味流派是指某一特定范围内沿承流行的、具有独特风格的饮食派别。当今世界，中国、法国和土耳其，被认为是“三大烹饪流派”的代表，而中国烹饪由于历史最悠久、特色最丰富、文化内涵最为博大精深、使用人口最多的特点而首屈一指。

中国饮食在漫长的历史发展过程中逐步形成了各具特点的、具有一定民族性、区域性的风味流派。中国饮食有哪些流派，各流派又有什么特点等，这些都需要我们去了解和掌握。

学习目标

- 了解中国饮食的风味流派
- 了解中国饮食的基本特点
- 掌握中国饮食的菜系组成及代表菜
- 掌握中国饮食各地方风味菜的特点

第一节　中国饮食的基本特点

中华美食体现了中华民族的饮食传统，融汇了我国灿烂的文化，集中了全国各民族烹饪技艺的精华，与世界各国相比，有许多独到之处。

一、原料广博

华夏美食闻名遐迩，除了历代烹调师精湛的技艺外，我国丰富的物产资源是一个重要条件，它为饮食制作提供了坚实的物质基础。我国是一个海陆疆域兼备的国家，辽阔的疆土、多样的地理环境及多种气候，在烹饪原料上具备了雄厚的物质基础。东西南北各地盛产各种农副产品，绵长的海域提供了珍奇海鲜，纵横的江河水产富饶，众多的湖泊盛产鱼虾和水生植物，无垠的草原牛羊遍布，巍巍的高山生长山珍野味，茂密的森林盛产野味、菌类，沃野千里的平原农作物极为丰饶。由于中国地理环境的不同，使烹饪具有十分丰富的原料品种，加上复杂的气候差异，令烹饪原料品质各异。寒冽的北土有蛤士蟆、猴头蘑等多种野生珍稀动植物原料，为我国烹饪提供了许多特有的佳肴；酷热的南疆，虫、蛹、蛇和时鲜果品奇特，丰富了菜肴的品种；广阔的东海之滨，盛产贝、螺、鱼、虾、蟹及水产蔬菜，增强了菜肴的时令性；风疾土肥的西域，牛马羊驼质优而负盛名，使菜肴富有质朴浓烈的民族风味；雨量充沛的长江流域，粮油家畜皆得天时地利之优，使菜肴富丽堂皇。由于优越的地理位置和得天独厚的自然条件孕育的结果，使得我国烹饪特产原料特别丰富而广博。

二、风味多样

地域辽阔的中华大地，由于各地气候、物产、风俗习惯的差异，自古以来，在饮食上就形成了许多各不相同的风味。我国一向以“南米北面”著称，在口味上又有“南甜、北咸、东辣、西酸”之别。就地方风味而言，有黄河流域的齐鲁风味，长江流域中上游地区的川湘风味，长江中下游地区的江浙风味，岭南珠江流域的粤闽风味，五方杂处的京华风味，各派齐集的上海风味，辽、吉、黑的东北奇品，云、桂、黔的西南佳肴。就民族风味而言，除汉族风味菜品以外，还有蒙古、满、回、藏、苗、壮、傣、黎、哈萨克、维吾尔等少数民族的风味特色，各有佳味名馔、奇特妙品。

此外，珍馐罗列的宫廷风味、制作考究的官府风味、崇尚形式的商贾风味、清新淡雅的寺院风味、可口实惠的民间风味等，其等级不同、原料有别而形成了各自不同的风味。它们色彩不一、技法多变、口味迥异、特色分明，构成了我国繁多的风味美食品种；各种美食风味流派汇成一体，又形成了中华民族共同的饮食文化。

三、技艺精湛

中国菜品在烹饪制作时对原料的选择、刀工的变化、菜料的配制、调味的运用、火候的把握等方面都有特别的讲究。所选择的原料要求非常精细、考究，力求鲜活，不同的菜品要按不同的要求选用不同的原料；注意品种、季节、产地和原料不同部位的选择；善于根据原料的特点，采用不同的烹法和巧妙的配比组合制成美味佳肴。中国烹饪精湛的刀工古今闻名，厨师们在加工原料时讲究大小、粗细、厚薄一致，以保持原料受热均匀、成熟度一致。我国历代厨师还创造了批、切、契、斩等刀法，能够根据原料特点和菜肴制作的要求，把原料加工成丝、片、条、块、粒、茸、末以及麦穗花、荔枝花、蓑衣花等各种形状。

中国菜肴的烹调方法变化多端、精细微妙,并有几十种各不相同的烹调方法,如炸、熘、爆、炒、烹、炖、焖、煨、焐、煎、腌、卤以及拔丝、挂霜、蜜汁等。中国菜肴的口味之多,也是世界上首屈一指的。全国各地方都有自己独特而可口的调味味型,如为人们所喜爱的咸鲜味、咸甜味、辣咸味、麻辣味、酸甜味、香辣味以及鱼香味、怪味等。另外,在火候上,根据原料的不同性质和菜肴的需要,灵活掌握火候,运用不同的火力和加热时间的长短,使菜肴达到鲜、嫩、酥、脆等效果,并根据时令、环境、对象的外在变化,因人、因事、因物而异。高超的烹饪技艺为中国饮食的魅力与影响夯实了基础。

四、四季有别

一年四季按季节而区分饮食,这是中国美食的主要特征,也是中华民族的饮食传统。我国春、夏、秋、冬四季分明,各种食物原料因时迭出。

自古以来,我国一直遵循调味、配菜的季节性,冬则味醇浓厚,夏则清淡凉爽。还特别注意按节令安排菜单,就水产原料说,春尝刀(鱼),夏尝鲥(鱼),秋尝蟹,冬尝鲫(鱼)。各种蔬菜更是四时更替,人们掌握原料的生长规律,不同季节运用不同的蔬菜,讲究适时而食。

中华民族还特别注重"四时、八节"的传统饮食习俗。诸如春节包饺子(北方),正月十五吃元宵,端午节裹粽子,中秋尝月饼,重阳品花糕等,这些节令性的食品一直沿袭至今。

五、讲究美感

中华美食不仅技术精湛,而且自古以来就讲究菜肴的美感,注重食物、菜肴的色、香、味、形、器的协调一致。对菜肴的色彩、造型、盛器都有一定的要求,要遵循一定的美学规律。食品色、形的外观美与营养、味道等质地美的统一,这也是客观的需要。我国菜品讲究美感,表现在多方面,厨师们利用自己的聪明才智、艺术修养,通过丰富的想象,塑造出各种各样的形状和配制多种多样的色调。中国的象形菜独树一帜,"刀下生花"别具一格;食品雕刻栩栩如生,拼摆堆砌,镶醉卷模,各显其姿;色彩鲜明,主次分明,构图别致,味美可口,达到了"观之者动容,味之者动性"的美妙的艺术境地。厨师的作品,不但使菜肴达到色、香、味、形美的统一,而且给人以精神和物质高度统一的特殊享受。

六、注重情趣

我国饮食注重品味情趣,不仅对饭菜点心的色、香、味、形、器和质量、营养有严格的要求，而且在菜肴的命名、品味的方式、时空的选择、进餐的节奏、娱乐的穿插等方面都有一定的要求。

中国菜肴的名称有千变万化、避免雷同、雅俗共赏的特点。菜肴名称除根据主、辅、调料及烹调方法的写实命名外，还有大量的根据历史典故、神话传说、名人食趣、菜肴形象着意渲染和引人入胜的寓意命名，如全家福、将军过桥、狮子头、叫花鸡、龙凤呈祥、鸿门宴、东坡肉、贵妃鸡、松鼠鳜鱼、金鸡报晓等，立意新颖，风趣盎然。

七、食医结合

由古及今，我国广大人民常利用现有的食物原料防病治病，城镇、乡村到处都有药食兼用的动植物，它们的根、茎、叶、花、果、皮和肉、骨、脂、脏按一定比例组合，在烹调中稍加利用，就既可满足食欲、滋补身体，又能疗疾强身、颐养天年。结合许多常见病和慢性病，根据食物的寒、热、温、凉四性和辛、甘、酸、苦、咸五味的性味特点，民间有常采用饮食疗法的习惯。唐代的名医孙思邈说过："夫为医者，当须先晓病源，知其所犯，以食治之，食闻不愈，然后命药。"以后历代的名医都有食疗的论述。这说明我国古代很早就重视饮食的治疗，有关食疗结合的内容极其丰富，我国都早有记载可以借鉴，而且近代又有了很大的发展。

第二节　中国饮食的风味流派

地域广阔的中华大地，显现了各自不同的乡土地域饮食风味特色，东西南北中，风味各不同。不同的地理环境、不同的民族、不同的生活习惯，形成了各地自然的饮食乡土风格。实际上，由于地理、气候、物产和习俗的不同，不同地区人们的食品制作和口味特点存在着很大差异。

一、海滨风味

中国有着漫长的海岸线，丰富的海洋资源，为沿海人民提供了极其丰富的饮食宝藏。人们"靠海吃海"，沿海的居民从小到大，海鲜食品一直伴随着他们，海鲜成为一年四季食用和待客的常菜。各种各样的海产品，例如海螺、海蟹、虾、鱼、章鱼、鲍鱼、扇贝、牡蛎、海胆等都极为丰富。每当鱼汛期一到，沿海渔民便扯起风帆，千船竞发。海产原料丰富，自然海产的食法也多种多样：水煮吃、烧烤吃、煎扒吃、串烧吃、涮烫吃、爆炒吃等。

东部沿海的江浙地区，临河倚海，气候温和，沿海地区海岸线漫长而曲折，浅海滩辽阔且滩质优良,优越的地理条件,蕴藏着富饶的海产珍味。沿海滩涂与群岛的鱼、虾、螺、蚌、蛤、蛏等海产佳品常年不绝。在江浙沿海,产量最多的应属小黄鱼,沿海村民称之为“黄花鱼”,鱼汛适值气温渐高的季节,因而海滨渔民往往将捕获的大量黄花鱼晒成鱼干,切成鱼块,用糯米酒腌制起来,作为一年四季改善生活时的佳肴,也是待客的家常菜。

二、山乡风味

我国有逶迤的崇山峻岭。全国从南到北,高山众多,山野之中,无奇不有,如山鸡、斑鸠、野兔、蛇、蛙等,都是家常便菜之原料。

东北大小兴安岭、长白山一带,有丰富的山珍野味,如长白山人参、猴头蘑、黑木耳、飞龙等;云南、四川的山地,各种动植物丰富多彩,松茸、竹荪、虫草、天麻等特色原料为当地的饮食烹饪提供了独特的原料。

安徽山地较多,山区水质清澈且含矿物质较多。山区的人们喜用自制的豆酱、酱油等有色调味品烹调,用木炭烧、砂锅炖各类菜肴,形成了微火慢炖、菜肴质地酥烂、汤汁色浓口重的特色。坠地即碎的安徽徽州地区的问政山春笋,笋壳黄中泛红,肉白而细,质地脆嫩微甜,是笋中之珍品。山中还盛产菇身肥厚、菇面长裂红纹的菇中上品——花菇,这些都是当地山民的特色食材。

湖南湘西山区崇山峻岭,当地山民擅长制作山珍野味、烟熏腊肉和各种腌肉。由于山区的自然气候特点,山民口味侧重于咸香酸辣,独具山乡风味特色。山珍野味有寒菌、板栗、竹笋、野鸡、斑鸠等。山区的腌肉方法也十分特殊,拌玉米粉腌制肉类,大多腌后腊制。辣味菜及熏、腊制品成为其主要烹调特征。

山野之间,除了飞禽走兽一类的荤菜食材,还有漫山遍野生长着的野菜,尤其是菌类植物,如野生的蘑菇、木耳等也成为山民做菜的好原料。

三、平原湖区风味

我国内地广阔无垠的平原种植着各种农作物,江河纵横,湖泊遍布,盛产各种水产鱼类。由于各地所处理位置的差异,形成了各自的风味特色。

江河湖泊之中,鱼类和其他各类的水鲜,常为当地桌上佳肴,如田螺、虾、蚌、蟹等。此外,菱、藕、莲子等也是水乡人钟爱之物。

鱼米之乡江浙一带,常年时蔬不断,鱼虾现捕现食。各种鱼类以及著名的芹蔬、芦蒿、菊花脑、茭儿菜、马兰头、金针菜、白果等,为江苏的乡土风味菜奠定了优越的物质基础。浙江地区平原广阔,土地肥沃,粮油禽畜物产丰富,金华火腿、西湖莼菜、绍兴麻鸭、安吉竹鸡等都是著名的特产,使浙江乡土菜独领风骚。

湖南洞庭湖区,饮食菜肴以烹制河鲜和家禽、家畜见长,善用炖、烧、腊的技法。

常用火锅上桌。著名的蒸钵炖鱼,菜肴色泽红润而汁浓,并以腊味菜烹炒。

在黄河下游的大片冲积平原上,沃野千里,棉油禽畜、时蔬瓜果种类多、品质好。在山东西北部广阔的平原上,山东花生、胶州大白菜、章丘大葱、苍山大蒜、陈集山药、莱芜生姜、莱阳梨等,为当地乡土烹饪提供了取之不尽的物质资源。

四、草原牧区风味

广阔无垠的大草原,滋养着中国北部和西北部的广大人民,这里牛羊成群、骏马奔驰。当地人民以肉类、奶制品为主要食品。如蒙古族、哈萨克族、裕固族等,自古以来就从事畜牧业和狩猎,生活在辽阔的草原上,逐水草而居,肉类、奶制品是不可缺少的食品。

蒙古族主要食牛肉、羊肉、驼肉。吃法一般为手把肉,但也烤羊肉、炖羊肉、涮火锅,而宴席则摆全羊席,其中包括烤全羊。

草原牧区人爱吃肉、爱喝奶,这是当地人"靠牧、放牧、食肉"的特点。现在,随着时代的发展,虽然蒙古族人民在饮食上开始注意烹调技艺和品种的多样化,但这种食肉、喝奶的地域民族特色却仍然保留了下来。这种饮食特点,在草原人民的文化生活中起着重要的作用。

哈萨克族的马奶酒,被誉为草原上的营养酒;蒙古族的奶茶,草原人认为是健身饮料;藏族的酸奶子和奶渣等均为具特色的奶食品。如今,草原牧区的烹调方法主要是烤(火烤、叉烤、悬烤、炙烤等)和煮。除肉食以外的食品也蒸、炸、炒等。

草原牧区的人民在长期生活实践中创造出的烹饪方法和带有民族的风味食品,迄今仍然受到广大牧民的喜爱和欢迎,并且得到其他民族的赞赏和仿效。

五、清真风味

清真风味指信奉伊斯兰教民族所制作的菜品总称。我国的回族、维吾尔族、哈萨克族、乌孜别克族、塔吉克族、塔塔尔族、东乡族、保安族、撒拉族、柯尔克孜族等少数民族信仰伊斯兰教。清真风味是我国烹饪的重要组成部分。我国的清真风味由西路(包含银川、乌鲁木齐、兰州、西安)、北路(包含北京、天津、济南、沈阳)、南路(包含南京、武汉、重庆、广州)三个分支构成。

随着伊斯兰教于公元7世纪中叶传入我国起,清真饮食文化就逐渐在中国大地上传播。据史书记载,唐德宗贞元三年(公元787年)长安(今西安)城里就有阿拉伯人、波斯人等贩卖清真食品。到了元代,大批阿拉伯、波斯和中亚穆斯林来到中国,使清真饮食在中国各地得到了较大发展,并产生了深远的影响。当时的饮食业主要是肉食、糕点之类。清代,北京出现了不少至今颇有名气的清真饭庄、餐馆,如东来顺、烤肉宛、烤肉季等;清末民初,经营包子、饺子、烧饼、麻花等的清真食品店铺已形成了具有鲜明特色的餐饮行业。

清真菜品的制作应遵守伊斯兰教法、教规，在原料使用方面较严格。清真食品是指伊斯兰教法所允许的可食用的合法食品，即符合《清真食品生产标准》的食品。清真菜品的原料、配料或其成分不得含有伊斯兰法所规定的针对穆斯林的任何非清真动物或者未按伊斯兰教规定所屠宰的动物，不得含有被伊斯兰法定义为污秽物的任何成分。在选料上清真菜品南路常以鸡鸭、蔬果、海鲜为原料，西路和北路常为牛羊、粮豆为烹饪原料，烹调方法较精细。清真菜品的制作多为煎、炸、烧、烤、煮、烩等方法；制作工艺精细，菜式多样，口味偏重鲜咸；注重菜品洁净和饮食卫生。清真小吃以西北为主，尤以西安、兰州、银川、西宁等地的最为有名。面食以植物油和制的酥面、甜点以及包子、饺子、糕饼等别具一格，如酥油烧饼、什锦素菜包、牛肉拉面、羊肉泡馍、油香、馓子、果子、馕、麻花等。

六、素食风味

素食泛指蔬食，习惯上称素菜。饮食市场的素食原料主要有植物油、“三菇”“六耳”、豆制品、面筋、蔬菜和瓜果等。在中国素食发展史上，佛教曾起一定的推动作用。唐宋元明时期，我国经济文化繁荣昌盛，烹调技艺日臻完善，植物油被广泛应用，豆类制品大量增加，素食之风更为兴盛。此时期的饮食典籍繁多，记载素食制作的菜品不断丰富，并出现了用面粉、芋头等原料制作的素菜；在外形上，素菜以假乱真、以素托荤，如《山家清供》中的素食制作，烹调技术已达到炉火纯青的地步。素食成为我国烹饪体系中的一个重要分支。

想一想

什么是“三菇”“六耳”？

答：“三菇”指香菇、花菇、蘑菇；“六耳”指石耳、木耳、云耳、榆耳、黄耳和桂花耳。

到清代，素食步入了黄金时代，宫廷御膳房专门设有“素局”，负责皇帝“斋戒”素食；寺院“香积厨”的“释菜”，也有了较为显著的改进和提高，出现了一批像北京法源寺、南京栖霞寺、西安卧佛寺、广州庆云寺、镇江金山寺、上海玉佛寺、杭州灵隐寺等烹制“释菜”的著名寺院。各地饮食市场的素餐馆急剧增加，素食品种花样翻新。清末薛宝辰的《素食说略》仅以北京、陕西两地为例，就记述了 200 多个素食品种。

素食从人类发源起就长久存在，到今天日益兴旺的市场，究其主要原因是素食不仅清淡、时鲜,而且营养丰富,能祛病健身。这对人类的繁衍生息以及健康、长寿都具有重要的意义。

第三节 中国饮食的主要菜系

菜系也称“帮菜”,是指在选料、切配、烹饪等技艺方面,经长期演变而自成体系,具有鲜明的地方风味特色,形成了众多的地方风味流派,并为社会所公认的菜肴流派。形成中国菜系的主要因素有以下几个:

(1)当地的物产和风俗习惯。中国地域辽阔,由于各地物产不一样,如中国北方多牛羊,常以牛羊肉做菜;中国南方多水产、家禽,人们喜食鱼、禽肉;中国沿海多海鲜,则长于海产品做菜。

(2)各地气候差异,形成不同口味。一般说来,中国北方寒冷,菜肴以浓厚和咸味为主;中国华东地区气候温和,菜肴则以甜味和咸味为主;西南地区多雨潮湿,菜肴多为麻辣浓味。

(3)各地烹饪方法不同,形成了不同的菜肴特色。如山东菜和北京菜擅长爆、炒、烤、熘等;江苏菜擅长蒸、炖、焖、煨等;四川菜擅长烤、煸炒等;广东菜擅长烤、焗、炒、炸等。

中国的烹饪技艺历史悠久,经历代名厨传承至今,形成了各具特色的菜系:除影响较大的川菜(四川)、鲁菜(山东)、苏菜(江苏)、粤菜(广东)四大菜系之外,还有浙菜(浙江)、闽菜(福建)、徽菜(安徽)、湘菜(湖南)、京菜(北京)、上海本帮菜(上海)等地方菜系,代表了各地色、香、味、形俱佳的传统特色烹饪技艺。

一、四川风味菜

(一)四川风味菜概述

四川风味菜简称川菜,为我国四大菜系之一。川菜十分古老,秦汉时期已经发端。公元前3世纪末叶,秦始皇统一中国后,大量中原移民将烹饪技艺带入巴蜀,原有的巴蜀民间佳肴和饮食习俗精华与之融汇,逐步形成了一套独特的川菜烹饪技术。到唐宋时期,川菜已发展为中国的一大菜系。明代辣椒传入中国,清代时四川人将之用于食用,川菜味型增加,菜品愈加丰富,烹调技艺日趋完善。抗战时期,各大菜系名厨大师云集“陪都”重庆,川菜得以博采众长,兼收并蓄,从而达到炉火纯青的境地。

川菜作为一种文化现象,其底蕴十分深厚。历代名人及名作在涉及巴蜀风物人情时,往往离不了四川饮食。东晋常璩《华阳国志》将巴蜀饮食加以归结,为“尚滋味”,“好辛香”。唐代杜甫则以“蜀酒浓无敌,江鱼美可求”的诗句高度概括、赞美巴蜀美酒佳肴。抗战时期,著名人士郭沫若、阳翰笙、陈白尘、戈宝权、凤子等常聚于餐馆,品尝“五香牛肉”“清炖牛肉”“油炸牛肉”“水晶包子”等川菜川点,郭沫若还乘兴为餐馆题写“星临轩”招牌,留下一段名人与川菜的佳话。

(二)菜系组成

四川菜主要由成都地方风味菜和重庆地方风味菜构成。

1.成都菜

成都菜包括成都及周边地区地方风味菜。成都菜就像竹林小院门前潺溪似的,有一种小家碧玉之美。成都人生活雅致,吃菜也讲究正宗,菜品从选料、切片、配料、火候都无比讲究。成都菜的口味特点是味重。无论哪道菜,均偏咸或偏辣。

2.重庆菜

重庆菜就像重庆的地理地貌一样,大山大河似的,有一种气吞万象之势。重庆人喜欢刺激,吃客不墨守成规,当厨的就不爱去照菜谱做菜,因此常常风行各种新式菜。而这些新式菜一般都是由江湖厨师创造出来的,俗称“江湖菜”。

(三)烹饪原料

四川素有“天府之国”之称,烹饪原料多而广。牛、羊、猪、狗、鸡、鸭、鹅、兔,可谓“六畜兴旺”,笋、韭、芹、藕、菠、蕹四季常青,淡水鱼便有江团、岩鲤、雅鱼、长江鲟多种。即便是一些干杂品,如通江、万源的银耳,宜宾、乐山、涪陵、凉山等地出产的竹荪,青川、广元等地出产的黑木耳,宜宾、万县、涪陵、达州等地出产的香菇以及魔芋等,均为上品。石耳、地耳、绿菜、折耳根(鱼腥草)、马齿苋这些生长在田边地头、深山河谷中的野菜,也成为做川菜的好材料。还有作为中药的冬虫夏草、川贝母、川杜仲、天麻,亦被作为养生食疗的烹饪原料。自贡井盐、内江白糖、阆中保宁醋、中坝酱油、郫县豆瓣、汉源花椒、永川豆豉、涪陵榨菜、叙府芽菜、南充冬菜、新繁泡菜、忠州豆腐乳、温江独头蒜、北碚莴姜、成都二荆条海椒等,都是品质优异的调味品。

特别提示

川菜八大料:成都大王酱油、保宁醋、涪陵榨菜、郫县豆瓣、潼川豆豉、汉源花椒、自贡井盐、二荆条辣椒。

(四)风味特点

四川菜享有“一菜一格”“百菜百味”的称誉,其基本味有麻、辣、甜、咸、酸五味。

四川菜很重视味的变化，既有浓淡之分，又有轻重之别。四川菜中“味”的变化很多，常因用餐对象不同，因人而异；也可根据季节，因时而异。如冬、春季气候寒冷，味要十分；夏、秋季气候燥热，味要降三分，称为“降调”。但有些四川菜为保证菜品的传统特色，从不降调，如重庆的毛肚火锅，吃了会“冬天一身汗，夏天一身水”，尽管如此，夏天供应如常，不变味，不离宗，人们称之为“以热攻热”。还有驰名中外的“麻婆豆腐”，又麻又辣又烫，一年四季从不降调。为了发挥食品原料固有鲜味，如蔬菜的清香、脆嫩，鸡蛋、鸭肉类和鱼虾的细嫩、鲜滑，烹饪方法要因物而异，以保持口感好。在准备宴会时，要求精心组织安排好适当的菜单，做到一桌菜中几个味型厚薄兼备，一高一低，起伏变化。四川菜最突出的特点是其调味中的辩证法，口味浓淡有致，该浓则浓，该谈则淡，浓中有淡，淡中有浓，浓而不腻，淡而不薄。因此，四川菜一方面以味多、味厚、味浓而著称，另一方面又以清鲜淡雅见长，使吃过四川菜的人，久久不能忘怀，赞美不绝。

四川菜的主要味别有麻辣、鱼香、家常、怪味、酸辣、糖醋、糊辣、椒麻、荔枝、甜香等。其中鱼香味、家常味、怪味是四川厨师独创的三大味。

（五）代表菜

1.宫保鸡丁

宫保鸡丁又称宫爆鸡丁，是四川的传统名菜之一，现已流传全国。相传，因为受到清代四川总督丁宝桢（荣誉官衔宫保）喜食，故得名。

丁宝桢讲究烹调，在山东任内，曾调用名厨数十名之多。到四川任总督之后，随带家厨多人。丁府请客时经常有“爆鸡丁”一菜，鲜香味美，受到客人的赞美，但客人回家后如法烹制总不成功。这个菜被吃过的人传为宫保鸡丁。

2.麻婆豆腐

麻婆豆腐是四川著名的特色菜。

相传清代同治年间，四川成都北门外万福桥边有一家小饭店，女店主陈某善于烹制菜肴，她用豆腐、牛肉末、辣椒、花椒、豆瓣酱等烧制的豆腐，麻辣鲜香，味美可口，十分受人欢迎。当时此菜没有正式名称，因陈某脸上有麻子，人们便称为“麻婆豆腐”，从此名扬全国。

3.夫妻肺片

20 世纪 30 年代，成都郭朝华、张正田夫妻二人，以制售麻辣牛肉肺片为业，两人从提篮叫卖、摆摊招客到设店经营。他们所售肺片为牛头皮、牛心、牛舌、牛肚、牛肉，并不用牛肺。其注重选料，制作精细，调味考究，深受食客喜爱。为区别于其他肺片，便以“夫妻肺片”称之。

4.鱼香肉丝

相传很久以前在四川有一户生意人家，他们家里的人很喜欢吃鱼，对调味也很讲究，所以他们在烧鱼的时候都要放一些葱、姜、蒜、酒、醋、酱油等去腥增味的调料。有一天晚上这个家中的女主人在炒另一道菜的时候，为了不使配料浪费，把上次烧鱼时用剩的配料都放在这款菜中炒。她担心这道菜可能不是很好吃，没想到丈夫回家吃后连连称赞，并一再追问这道菜的做法，她一五一十地给丈夫讲了一遍，这道菜随之流传开来。因为这道菜是用烧鱼的配料来炒的，所以取名为鱼香炒。

后来这道菜经过了四川人若干年的改进，现已列入四川菜谱，如鱼香猪肝、鱼香肉丝、鱼香茄子和鱼香三丝等。如今此菜因风味独特而风靡全国。

5.毛肚火锅

火锅是中国的传统饮食方式，起源于民间，历史悠久。今日火锅的容器、制法和调味等，虽然已经历了上千年的演变，但一个共同点未变，即用火烧锅，以水（汤）导热，煮（涮）食物。这种烹调方法早在商周时期就已经出现。

火锅真正有记载的是宋代。宋人林洪在其《山家清供》中提到吃火锅之事，即其所称的“拨霞供”，谈到他游武夷山，访师道，在雪地里得一兔子，无厨师烹制。师云：“山间只用薄批，酒、酱、椒料沃（浸油）之。以风炉安桌上，用水半铫（半吊子），候汤响一杯后（等汤开后），各分以箸，令自夹入汤摆（涮）熟，啖（吃）之，乃随意各以汁供（各人随意蘸食）。”从吃法上看，它类似现在的“涮兔肉火锅”。

直到明清，火锅才真正兴盛起来，清烹饪理论家袁枚《随园食单》中已有记载。当时除民间食用火锅外，从规模、设备、场面来看，以清皇室的宫廷火锅为最气派。清帝王的冬季食单上写有：野味火锅、羊肉火锅、生肉火锅、菊花火锅等。锅具形式已有双环方形火锅、蛋丸鱼圆火锅、分隔圆形火锅等。清乾隆四十八年正月初十，乾隆皇帝办了 530 桌宫廷火锅，其盛况可谓中国火锅之最，详情《清代档案史料丛编》有载。1796 年，清嘉庆皇帝登基时，曾摆“千叟宴”，所用火锅达 1550 个，其规模堪称登峰造极，令人惊叹。

四川火锅发源于重庆。四川作家李颉人在其所著的《风土什志》中写道：“吃水牛毛肚的火锅，则发源于重庆对岸的江北。”经过饮食界的不断改进，“毛肚火锅”色、香、味独具特色，已经成为重庆最著名的风味小吃之一。

此外，川菜最具代表性的菜肴还有回锅肉、水煮牛肉、樟茶鸭子、蒜泥白肉等，最著名的小吃有钟水饺、担担面、龙抄手、赖汤圆、川北凉粉等。

二、山东风味菜

（一）山东风味菜概述

山东是中国古文化的发祥地之一，我国先民在这块富饶的土地上创造了灿烂的古代文明，烹饪及烹饪文化也随之发展起来。山东烹饪与我国饮食文化和烹饪技艺有重要渊源，占据着特殊的地位。早在春秋战国时期，山东菜的雏形已初步形成。春秋时期孔子就提出了“食不厌精，脍不厌细”的饮食观，并在烹调的火候、调味、饮食卫生、饮食礼仪诸方面提出主张，奠定了山东菜系的理论基础。到了汉代，山东烹饪技艺已有相当水平，从出土的画像石上可以看出从原料的选择、宰杀、洗涤、切割到烤炙、蒸煮，各方面分工精细、操作熟练，充分展示了当时烹饪的全过程以及饮宴场面。到了北魏时期，贾思勰在《齐民要术》中对黄河中下游地区的饮食生活及烹饪技术做了较为全面的总结和概括，对鲁菜菜系的最终形成和发展产生了非常积极的影响，历经以后的隋、唐、宋、金各代的提高和发展，山东菜已经成为我国整个北方菜的代表，并对整个北方烹饪界影响极大。到了元、明、清时期，山东菜进入了鼎盛时期，大量的鲁菜菜品和烹饪技艺进入宫廷，成为御用膳食的支柱，成为菜品制作最为精细华贵的代表。发展到现代，在继承传统技艺的基础上，广大烹饪爱好者和专业厨师博取全国烹饪之长，不断改良丰富鲁菜，将鲁菜再次推向了鼎盛时期。

（二）菜系组成

山东菜主要由济南菜、胶东菜、济宁菜构成。

1.济南菜

济南菜泛指山东省会济南为代表的山东中部地区的地方风味菜。济南是山东省的政治、经济和文化中心，地处水陆要冲，南依泰山，北临黄河，原材料丰富，烹饪技艺融各家之长，菜品造型精美，做工精细，是山东菜的主体构成部分。济南菜选料广泛而精致，口味讲究清香、滑嫩、味醇，有“一菜一味、百菜不重”之称。济南菜善于制汤，以汤作为百味之源，是菜品风味的关键。其代表菜有双色鱿鱼卷、奶汤蒲菜、清汤燕菜、拔丝苹果等。

2.胶东菜

胶东菜又称福山菜，是指胶东半岛沿海地区以青岛、烟台为代表的地方风味菜。胶东菜以烹制海鲜及海产品为主，突出原料本身风味，口味注重清淡、鲜嫩，成品注重造型。擅长突出主料特征的海味筵席，有全鱼席、鱼翅席、小鲜席、海蟹席等。

3.济宁菜

济宁菜又称为曲阜菜，是以“孔府菜”著称的地方菜。济宁为鲁东要地，是孔孟故里，有着丰富的历史文化渊源，其菜品虽然制法上同济南菜相当，但文化韵味更加浓厚。久负盛名的“孔府菜”用料考究，重于烹调火候，烹调过程严格，烹调讲究营养养生。制成品软烂香醇，原汁原味，成菜华贵大方，是目前较为上档次的菜品。

（三）烹饪原料

山东东部属半岛地区，海产品丰富，盛产鲜海参、鲍鱼、海螺、对虾、真鲷、鱼翅、黄花鱼、扇贝、牡蛎、海蜇等。山东西南的微山湖地区淡水产品也很有特色。黄河鲤鱼、鳜鱼、甲鱼、青虾都是山东常用的烹饪原料。山东中部以出产禽畜产品而闻名，如鲁西南肉牛、菏泽青山羊、寿光鸡、麻鸭等。山东各地的植物原料，如大明湖的蒲菜、茭白，章丘大葱，莱芜姜，苍山大蒜，胶东大白菜，烟台苹果，莱阳梨，青州银瓜等都为山东菜的烹饪提供了极好的原料基础。

（四）风味特点

山东菜风味多以咸鲜为主，以原料自有风味为调味基础，善于保持原料纯正的风味。爆、炒、烧、熘、炸、烤、蒸、扒都用葱来调味和佐食，葱之香味已成为山东菜的最好风味。除此之外，山东菜也善于运用各种汤汁来调味，善于运用海产原料的原味，突出本味。随着烹饪的发展，山东菜逐步形成了五香、酸辣、椒盐、糖醋、麻酱等其他复合味味型，使山东菜口味更富变化，个性特征更好。山东民间生食葱蒜、大葱蘸酱的民俗也在部分菜品中得到很好表现，形成山东菜的一大特色。

（五）代表菜

1.九转大肠

九转大肠是在清光绪年间由山东省济南市九华楼所创制。

九华楼是个老字号，专以经营猪下水而闻名。老板杜某是个大商人，他对“九”字特别喜爱，所开的几间店铺，都是以“九”字打头命名，九华楼就是其中之一。这位杜老板讲究饮食，不惜重金礼聘厨师名手主厨。过去猪下水根本无法上席，杜老板却专在猪下水上面下大功夫，用肚、肠、腰等进行研究，终于创制出一些别具风味的猪下水佳肴，其中尤以红烧大肠为顾客所喜爱。

一次，杜老板在酒楼大宴宾客，席间有一文人为了取悦主人，故意将红烧大肠改称为九转大肠，并加以解释：道家炼丹经过多次方能成功，所谓“九转金丹”能令人延年益寿，甚至起死回生。从此，九转大肠之名广泛流传，成为风靡一时的山东名菜。

2.德州扒鸡

德州扒鸡历史悠久，名噪海内外。20世纪初，德州经营烧鸡者如雨后春笋，名店众多，相互竞争，皆在品味、质量上下功夫。始有“宝兰斋”店主侯宝庆，悉心研究，在烧鸡、卤鸡和酱鸡的基础上，根据扒肘子、扒牛肉的烹调方法，开创了扒鸡的生产工艺。至1911年，老字号“德顺斋”的烧鸡铺掌柜韩世功等，对传统的工艺与配方进行改进，加入了健脾开胃的几味中药，且总结了侯宝庆制作烧鸡、扒鸡的经验，结合进炸、熏、卤、烧鸡的方法，适应当地口味，又兼顾南甜、北咸、东酸、西辣的习俗，经过多次试制，终于生产出“五香脱骨扒鸡”。他们制作的扒鸡炸得匀、焖得烂、香气足,且能久存不变质,便很快在市场上打开销路,使这一名食风行大江南北。

3.锅烧肘子

锅烧肘子是山东传统名菜,在"锅烧肉"的基础上衍变而来。"锅烧肉"早在元代的古籍中就有记述,后逐渐改用猪肘子肉制作。需经煮、蒸、炸多道工序,两次改刀。本菜是一道热菜。

此外,山东还有火爆燎肉、氽西施舌、原壳鲍鱼、炸鸳鸯嘎渣、锅塌豆腐等名菜,著名的小吃有状元饺、水煎包、周村酥烧饼等。

三、江苏风味菜

(一)江苏风味菜概述

江苏烹饪历史悠久,秦汉以前长江下游地区的饮食主要是"饭稻羹鱼"。《楚辞·天问》记有"彭铿斟雉帝何飨"之句,即名厨彭铿所制之野鸡羹,供帝尧所食,深得尧的赏识,封其建立大彭国,即今彭城徐州。隋唐两宋以来,金陵、扬州等地繁荣的市场促进了江苏烹饪的发展,如北宋《清异录》记有隋炀帝在扬州大筑宫苑定为行都,江苏所产的糟蟹,糖蟹为贡品,并将蟹壳表面揩拭干净,把金纸剪成的龙凤花密密地粘贴在上面。扬州用碧绿的竹筒或菊之幼苗,将鲫鱼肉、鲤鱼子缠裹成的"缕子脍",苏州用鱼鲊之片拼合成牡丹状的著名花色菜品"玲珑牡丹鲊"等,这都说明在唐宋江苏已有制作复杂、色泽鲜艳、造型美观的工艺菜品了。明清时代江苏内河交通发达,船宴盛行,南京、苏州、扬州皆有船宴。清代江苏烹饪技法日益精细,菜肴品种大为丰富,风味特色已经形成,在全国的影响越来越大。清人徐珂所辑《清稗类钞》中记有"肴馔之各有特色者,如京师、山东、四川、广东、福建、江宁、苏州、镇江、扬州、淮安"。这里举的10处,有5处为江苏名城。

(二)菜系组成

江苏菜大致分为淮扬风味、金陵风味、苏锡风味和徐海风味四大流派。

1.淮扬菜

淮扬菜以两淮(淮安、淮阴)、扬州为中心,南起镇江,北至洪泽湖,东至沿海一带。主体以大运河为主干的这一地区,水产业发达,江河湖海出产甚丰。菜肴以清淡见长,味和南北,是江苏菜风味特色最浓的主体部分。

2.金陵菜

金陵菜又称京苏菜,指以南京为中心的地方风味菜。南京古为六朝金粉之地,今为江南地区的政治、经济、文化中心,饮食市场自古繁荣。南京菜兼顾四方之优,适应八方之需,口味醇正,滋味平和,香醇适口,咸水鸭最为著名,是南京鸭肴的代表。另外,美人肝、松鼠鱼、凤尾虾、清炖鸡孚等也非常有名。

3.苏锡菜

苏锡菜以苏州、无锡为中心，包括太湖、阳澄湖、滆湖地区的地方风味菜。苏锡菜甜味较重，咸味收口，浓油赤酱，近代逐趋向清新爽淡，善于表现原料本味。其代表菜有碧螺虾仁、雪花蟹斗、梁脆膳、太湖银鱼、天下第一菜、叫花鸡、松鼠鳜鱼、常州的糟扣肉、昆山的虾仁拉丝蛋、无锡的肉骨头等。

4.徐海菜

徐海菜指徐州沿陇海线向东延伸至连云港一带的地方风味菜。徐海菜用海产为原料的较多，以咸鲜为主，风味兼备，风格淳朴，注重实惠。其代表菜有霸王别姬、彭城鱼丸、沛公狗肉、羊方藏鱼、红烧沙光鱼、烧乌花等。

（三）烹饪原料

江南鱼米之乡，时令水鲜、蔬菜四季常熟。著名的水产有镇江鲥鱼、两淮鳝鱼、太湖银鱼、南通刀鱼，以及连云港的海蟹、沙光鱼和阳澄湖的大闸蟹等，桂花盛开时江苏独有的斑鱼纷纷上市。中外驰名的南通狼山鸡、高邮鸭、如皋的火腿、泰兴的猪、南京的矮脚黄青菜、苏州的鸭血糯、泰州的豆制品，还有遍布水乡的鹅、鸭、茭白、藕、菱、芡实等，物产丰富。相传汉淮南王刘安发明了豆腐，南北朝时用面筋制作菜肴，还有笋、蕈等素食原料。丰富的烹饪原料为江苏烹饪的发展提供了良好的物质基础。

（四）风味特点

清鲜平和是江苏菜最根本的基调。江鲜、河鲜、海鲜、湖鲜、鲜蔬、鲜瓜果、鲜畜禽肉，都突出主料本味，注重保持原料固有的新鲜及鲜味。动物性原料多用活料，以求突出鲜活的本味。调味时主要用盐，以促使原料中的鲜味物质表现出来，但不能以盐之咸而压原料本味，部分菜肴少量加入白糖调味，以求甘鲜，显得更为平和醇正，也常用香醋、芝麻油、糟油、红曲、椒盐、糖醋、醇酒、姜、葱等特色调料，使成菜在清鲜之中显得醇香多变。对于味薄的原料，多用特制调料或虾等鲜香味重的调料来赋味，增强原料鲜香风味。江苏菜也注重原料的荤素组合，通过原料间的组配表现原料固有的醇正风味，突出原料清鲜之特色。

（五）代表菜

1.水晶肴蹄

水晶肴蹄又名镇江肴肉，亦称水晶肴肉，是驰名中外的镇江名菜。

相传三百多年前，镇江有一家夫妻酒店。一天店主买回 4 只猪蹄，准备过几天再食用，因天热怕变质，便用盐腌制。但他误把妻子为父亲做鞭炮所买的一包硝当做了精盐。直到第二天妻子找硝准备做鞭炮时才发觉，连忙揭开腌缸一看，只见猪蹄不但肉质未变，反而肉板结实，色泽红润，蹄皮呈白色。为了去除硝的味道，他一连用清水浸泡了多次，再经开水锅中焯水，用清水漂洗。接着入锅加葱姜、花椒、桂皮、茴香，清水焖煮。店主夫妇本想用高温煮熟解其毒味，没想到一个多钟头后锅中却散发出一股极为诱人的香味。“八仙”之一的张果老恰巧路过此地，也被香味吸引止步。于是他变成一个白发老人来到小酒店门口敲门。店门一开，香味立刻飘到街上。众人前来询问，店主妻子一边捞出猪蹄，一边实话对大家说：“这蹄膀错放了硝，不能吃。”但那位白发老人把四只猪蹄全部买下，并当即在店里吃了起来。由于滋味极佳，越吃越香，结果一连吃了三只半才罢休。店主和在场的人把剩下的半只蹄膀拿来尝，都觉得滋味异常鲜美。此后，该店就用此法制作“硝肉”，不久就远近闻名。后来店主考虑到“硝肉”二字不雅，改为“肴肉”。从此，“肴肉”一直名扬中外。

2.扬州狮子头

狮子头是淮扬菜中俗称“三大头”之一，北方称“肉丸子”，扬州话说是“大赞肉”。

据传唐代郇国公韦陟宴客，当“葵花肉”这道菜端上来时，只见那巨大的肉团子做成的葵花心精美绝伦，犹如雄狮之头。宾客们趁机劝酒道：“郇国公半生戎马，战功彪炳，应佩狮子帅印。”韦陟高兴地举酒杯一饮而尽说：“为纪念今日盛会，‘葵花肉’不如改名‘狮子头’。”从此扬州就添了狮子头这道名菜。扬州狮子头选用肥瘦各半的净猪肋条肉，考究的在秋冬季还加上蟹黄、蟹肉、虾子等配料即制成了蟹粉狮子头。因为大肉丸制成后，表面一层的肥肉末已大体溶化或半溶化了，而瘦肉末则相对显得凸起，给人以毛毛糙糙之感，于是，形象化地称之为狮子头。

3.叫花童鸡

传说有一个叫花子，流落到常熟一个村子里。那天正逢大年，他躺在破庙里，腹内饥饿且天气寒冷，看到人家都在杀鸡杀猪，准备过年，他好不凄然，想到外乞食，又怕人家忌讳。突然，他见到一只母鸡出来觅食，便将其捉住，匆匆地走到山野荒郊处宰杀母鸡，把鸡头拧断，放出鸡血，并从鸡肋下挖个洞，掏出内脏，用一小撮盐擦擦鸡膛，用水调稀黄泥，把鸡糊成泥团，用火石取火，点燃树枝枯叶，然后把鸡放到火上烤。火烤完了，他又找一些干草，焖在火上，火上罩了一块破缸片。因过于劳困，他倒地便睡。一觉醒来，他忙拨开火灰，余烬还未灭，泥团子已烤得有了细缝，往地上一摔，泥连鸡毛一齐脱落，顿时鸡香四溢，他美美地饱餐一顿。在叫花子吃鸡的时候，恰被路过的一家饭店的掌柜看见，他觉得香气扑鼻，便向叫花子讨食，并向叫花子讨教制作方法。掌柜回店以后，如法炮制，招徕顾客，并命名为“叫花子鸡”，从此名扬天下。

此外，江苏菜著名的代表菜还有梁溪脆鳝、文思豆腐、扬州三套鸭等，名小吃有四喜汤团、枫镇大面、锅盖面、黄桥烧饼等。

四、广东风味菜

(一)广东菜概述

广东地区饮食文化在新石器时代前已具雏形,杂食之风盛行。在三国至南北朝的三百多年中,中原地区战乱频繁,汉族人大量南迁,使广东腹地得到开发。唐代,在中原饮食文化的影响下,粤菜烹饪发生了质的变革。据唐昭宗时曾任文稿司马的刘恂所著《岭表录异》记载,当时广东菜所用的调料已很丰富,并能根据原料的质地,恰如其分地运用多种烹饪技法,因此,菜肴品种颇多,风味怡人。唐代已形成生食之风,依此法拌食的鱼生,一直沿用上千年,当今广东顺德的鱼生菜已非常著名和流行。唐代时对一些粗腥之物,先用碱腌制,既去其腥,又可使之松软爽脆,再以其他原料同烹,能去异增香,清爽悦目,清鲜味醇。此法已沿用至今,目前广东菜的"先姜葱滚煨后烹调"的技巧正是这种风格的表现。

五代十国时期,中原战乱频仍,民不聊生,中原文士又大批南迁,南汉主刘隐广招南下贤士,粤菜再一次受到中原饮食文化的影响。至宋代,广州地区的名肴美点明显增多,而且不少品种一直留传至今。高怿《如意居解颐》载:"岭南地暖,好食馄饨,往往稍暄。"如今,广州以谐音云吞称之,与面条同煮,叫云吞面,是脍炙人口的美食。

明清时代,珠江和韩江两个三角洲逐渐开发成为商品农业的鱼米之乡,各地都出现了一批作物不同但又相互依赖的专业化农业区域,与之相适应的手工业和城镇逐步形成。这些城市空前繁荣,民众讲究饮食之风大盛,民间食谱丰富多彩,烹调技术日臻精良。其中著名的有佛山的柱候名菜,顺德的凤城食谱,潮汕的海产佳肴。与此同时,京津、扬州、金陵、姑苏的烹饪文化及食谱也不断传来,广州、佛山、汕头、惠州等地逐渐成为各帮名食荟萃之地。鸦片战争以后,广州成为中国对外贸易最为发达的地区,欧美各国的传教士和商人纷纷前来,此时西餐及外来餐料相继传入,餐饮行业空前繁荣。此时,"食在广州"进入全盛时期,形成了很多影响全广东地区的名菜名店。

20 世纪 80 年代中国改革开放以后,在贯彻"对外开放,对内搞活"政策的作用下,在珠江三角洲地区经济发展的影响下,广东引进了很多香港地区餐饮业的精华,将作为世界美食之都香港的一切烹饪原料、烹饪方法、烹饪调味以及经营管理理念,全面引入到广东菜之中,形成红极之至的"港式粤菜、新派粤菜"。广东成为中国餐饮业最为发达的地区,广东菜很多新理念迅速传遍全国,对全国烹饪行业影响最大。随着社会主义市场经济的不断发展,广东菜必将更加尽善尽美,为再现"食在广州"的盛誉增加光彩。

（二）菜系组成

广东菜由广州菜、潮州菜、东江菜三部分构成。

1.广州菜

广州菜泛指以广州市为代表的珠江三角洲地区的地方风味菜，它是广东菜的主要构成部分，是传统粤菜的代表。其特点为选料多样、配菜变化大、菜品众多。质地上讲求鲜、嫩、爽、滑。口味追求原料本味，以清淡为主，但冬季由于用各种酱料调味，味又偏浓醇。烹饪技法众多，以小炒见长。代表菜有白切鸡、白灼虾、蛇羹、油泡虾仁、红烧大裙翅、清蒸海鲜、焗酿禾花雀、虾子扒婆参等。

2.潮州菜

潮州菜泛指广东东南沿海，与福建相邻地区，以潮州、汕头地区为代表的地方风味菜。潮州菜吸收了西餐特色，风味自成一格，是目前广东菜发展最为良好的部分，以经营海鲜见长。其特点为以烹制海鲜为主，以甜菜、汤羹菜最为著名；讲求原料鲜活生猛，现宰现烹；刀工精细、配料精致、装饰精美；善于追求原料固有本味，以清鲜为主，但又讲究因料跟碟，酱料众多。其代表菜有：烧雁鹅、潮州卤水、护国菜、甜皱炒肉、豆酱焗鸡、炊鸳鸯膏蟹等。

3.东江菜

东江菜也称为客家菜，泛指广东东部山区客家人聚居的东江流域地区的地方风味菜。其特点为原料多选用家禽、家畜、豆制品，水产品极少使用，因有“无鸡不香、无肉不鲜、无肘不浓”之说；菜式主料突出，量多、形大，成菜古朴，无过多装饰；质地上力求酥烂香浓，口味偏咸，油重；多用较长时间的烹调，砂锅菜品众多。代表菜品有盐焗鸡、香酥鸭、东江豆腐煲、爽口牛肉丸、梅菜扣肉、海参酥丸等。

（三）烹饪原料

广东物产极为丰富，粤菜所用的蔬菜、水果、家禽家畜、水产鱼虾达数千种。有著名的“十大海河鲜”——龙虾、海螺、明虾、石斑、鳜鱼、嘉鱼、鲟龙、鲈鱼、鲢鱼、黄花鱼。外地不用的鼠、猫、狗和山间野味，以及蚕蛹、蜂蛹、禾虫、田螺、田鸡、蝗虫等奇异原料，也都是广东菜上佳之选。广东菜在原料的选用上充分认识和利用原料的物性，因时间、因品种、因气候的不同，适时合理用料，并形成很多季节性的美食。如秋季的禾花雀，骨脆软肉肥美；“秋风起，三蛇肥”，秋冬正是食蛇佳时；北风凛冽的严冬和春雨霪霏的寒春，正是“开煲狗肉”最受欢迎之时。

（四）风味特点

广东菜有浓厚的南国风味，菜肴讲究鲜、爽、嫩、滑，夏秋清淡，冬春浓郁，善于保持原料固有的本味。

广东特殊的地理及气候特征，决定了粤菜的口味要求清淡、爽滑。对肉食向来追求其鲜，讲究即宰即烹；火候要求也甚为严格，以刚熟为度。

广东菜在烹调过程中所有调味料为油、盐、酱油、味精、白糖、料酒、姜、葱、蒜、鲜椒之类，以保持原料本味突出。但随着广东菜的发展，广东菜引用了世界各地很多新的调味料，并高度复制成各种酱汁，使广东菜风味迅速增多，味的变化更为广泛。广东菜虽然没有味型一说，但风味的复杂及变化众多是引起菜品风味众多的原因，广东菜的风味也因此变得更为复杂，其调味的技法也影响了中国其他地方风味菜，各种新潮酱汁不断涌出。

广东菜夏秋清淡，冬春浓郁。夏秋季菜式均具有清、爽、滑的特色。寒冷的冬春季节，是滋补身体的好时令，此时的广东菜崇尚滋补，经较长时间煲、炖的菜式众多。

（五）代表菜

1.豹狸烩三蛇

豹狸烩三蛇，又名“龙虎凤大烩”“龙虎斗”。以蛇制作菜肴在广东已有 2000 多年的历史。汉《淮南子》就有“越人得蚺蛇以为上肴”的记载。宋《萍州可谈》亦称“广东食蛇，市中鬻（指卖）蛇羹”。龙虎斗，据传始于清同治年间。当时出生于广东韶关的江孔殷，在京为官，曾品尝过各种名菜佳肴、珍馐异味。他晚年辞官回到家乡后，刻意研究烹饪一年。他做 70 岁大寿时，为了拿出一道新菜给亲友尝鲜，便尝试用蛇和猫制成菜肴，蛇为龙，猫为虎，因两者相遇必斗，故又名“龙虎斗”。后来又加了鸡，其味更佳。此菜自此一举成名，并改称为“龙虎凤大烩”，但人们仍习惯称它为“龙虎斗”。

2.白云猪手

白云猪手是广东的一道名菜。相传古时，白云山上有一座寺院。一天，主持该院的长老下山化缘去了，寺中一个小和尚乘机弄来一只猪手，想尝尝滋味。在山门外，他找了一个瓦坛子，便就地垒灶烧煮。猪手刚熟，长老化缘归来。小和尚触犯佛戒，怕被长老看见，就慌忙将猪手丢在山下的溪水中。第二天，有个樵夫上山打柴路过山溪，发现了这只猪手，就将其捡回家中，用糖、盐、醋等调味后食用，其皮脆肉爽、酸甜适口。不久，炮制猪手之法便在当地流传开来。因它起源于白云山麓，所以后人称它为“白云猪手”。现在广州的白云猪手制作较精细，已将原来的土法烹制改为烧刮、斩小、水煮、泡浸、腌渍 5 道工序制作，最考究的白云猪手是用白云山上的九龙泉水泡浸的。

此外，广东代表菜还有五彩酿猪肚、开煲狗肉、油泡雪衣、糖醋咕噜肉、干炸虾枣、香滑鲈鱼球等，名小吃有粉果、叉烧包、皮蛋酥、广式月饼等。

第四节　中国饮食的地方风味菜

一、北京菜

北京风味菜也称京菜，是泛指目前北京地区的地方风味菜，是中国地方菜之一。北京菜可以认为是中国地方菜中最为复杂的一种，它融合了山东菜、清真菜、宫廷菜、官府菜之味。

北京是历史悠久的古都，先后有众多朝代建都于此，这就形成了多民族聚居北京、五方杂处的历史状况。如明永乐皇帝迁都北京，大批南方官员北上，南方的很多菜肴也随之传入，著名的北京烤鸭就是来自金陵(南京)片皮鸭；清代，满族人的一些古朴烹调方法也传入北京，现今北京人喜爱的涮羊肉就是从东北满族人的"原野火锅"演变而来。这些众多的外来风味传入以后，由于年代久远，在操作和口味方面又有了发展和变化，并深入到人们的日常生活之中，就成了当地的北京菜。

北京菜主要的烹饪原料有东北的熊掌、鹿筋、哈土蟆，海南及东南亚的鱼翅、燕窝，渤海的海参、对虾，日本的鲍鱼，白洋淀的淡水鱼鲜，张家口的羊肉，四川的猪肉，江南的时令鲜蔬等。

北京菜总体上讲求味浓、汁浓、肉烂、汤肥的风味特点，也兼收全国各地的一些地方风味，酥、辣、甜、酸也常使用。但随着人们对口味和营养需求的提高，整体上开始向清、香、鲜、嫩、脆的口味转化，讲究菜品的外观色形的搭配，营养素的平衡，火候的精确，口味的多变。

北京菜的代表菜北京烤鸭是誉满全球的名肴，也是我国烹调艺术中的瑰宝。来到北京的中外来宾，一般都要到全聚德烤鸭店吃上一顿美味的烤鸭。

相传烤鸭之美，系源于名贵品种的北京鸭，它是当今世界最优质的一种肉食鸭。据说，这一特种纯白京鸭的饲养，约起于千年前，是因辽金元之历代帝王游猎，偶获此纯白野鸭种，后为游猎而养，一直延续下来，才得此优良纯种，并培育成现今之名贵的肉食鸭种。因是用填喂方法育肥的一种白鸭，故名"填鸭"。不仅如此，北京鸭曾在百年以前传至欧美，经繁育一鸣惊人。因而，作为优质品种的北京鸭，成为世界名贵鸭种来源已久。关于烤鸭的形成，早在南北朝，《食珍录》中即有"炙鸭"字样出现；南宋时，"炙鸭"已为临安(杭州)"市食"中的名品。那时烤鸭不但已成为民间美味，同时也是士大夫家中的珍馐。但后来，据《元史》记载，元破临安后，元将伯颜曾将临安城里的百工技艺迁至大都(北京)，由此，烤鸭技术就这样传到北京，烤鸭并成为元宫御膳奇珍之一。继而，随着朝代的更替，烤鸭亦成为明、清宫廷的美味。明代时,烤鸭还是宫中元宵节必备的佳肴;据说清代乾隆皇帝以及慈禧太后,都特别爱吃烤鸭。从此,便正式命为“北京烤鸭”。后来,北京烤鸭随着社会的发展,逐步由皇宫传到民间。

新中国成立后,北京烤鸭的声誉与日俱增,更加闻名世界。据说周总理生前十分欣赏和关注这一名菜,他曾 29 次到北京全聚德烤鸭店视察工作,宴请外宾,品尝烤鸭。为了适应社会发展需要,而今全聚德烤鸭店烤制操作已愈加现代化,风味更加珍美。

涮羊肉也是北京传统名菜,又称“羊肉火锅”。涮羊肉历史悠久,公元 17 世纪,清代宫廷冬季膳单上就有关于羊肉火锅的记载。据清代徐珂《清稗类钞》载:“(京师)人民无分教内教外,均以涮羊肉为快。”清咸丰四年(公元 1854 年),北京前门外肉市的正阳楼开业,这是第一家出售涮羊肉的汉民馆。民国初年,北京东来顺羊肉馆用重金把正阳楼切肉师傅请去,专营涮羊肉,从选料到加工均做了改进,因而名声大振,赢得了“涮肉何处嫩,首推东来顺”的赞誉。

北京菜代表菜还有烤肉、抓炒鱼片、炒鳝糊等,名小吃有炒疙瘩、肉末烧饼、小窝头等。

二、上海菜

上海风味又称海派菜,泛指当今上海地区的风味菜,是中国菜系的重要组成部分。上海菜是随着上海这个城市的演变而发展起来的,既受到全国各地风味菜肴的影响,又带有浓郁的上海本地风味,具有多样性、传统性和变化性的综合特征。上海菜具有适应面广、善于创新开拓、风味多变、时代味浓的整体风格。

上海菜可分为海派江南风味、海派四川风味、海派北京风味、海派广东风味、海派西菜和功德林素菜六大组成部分。

上海地处我国海岸线的中心点,长江入海口,腹地广阔平坦,土壤肥沃,物产丰富。这里有四季连绵不断的时鲜蔬菜,大量海产如鱼、虾、蟹、贝、螺和淡水所产的鱼虾以及畜禽等,是中国自然出产最为丰富的地区之一。

上海地处温带地区,气候温暖,饮食习俗比较讲究清淡的本味,也善于调味五味,突出表现原料本味。上海菜品具有荟萃全国及世界各地风味这一大特色,这些外来菜既有相互融合、逐步同化的一面,又有独立表现原有的独特风味的一面,使上海菜风味多变,品种繁多,融合百味。总体上讲,上海菜仍以清淡味为主,口味平和,味感层次丰富,有辣、酸、甜、香等复合的各种风味,质感分明,菜品个性特色浓厚,适宜不同口味食客的需求。

上海风味菜的代表菜主要有大闸蟹、植物四宝等,名小吃有小绍兴鸡粥、生煎馒头、绿豆芽蒸拌冷面等。

三、安徽菜

安徽菜又称“徽菜”，泛指安徽省及其附近地区的地方风味菜，是我国著名的地方菜之一。安徽菜历史悠久，善烹山珍野味，讲究食补，技艺多样，兼有南北方口味，适宜面广，是中国烹饪文化宝库中的一颗明珠。

安徽菜起源于世界闻名的旅游胜地黄山之麓——徽州，原是徽州山区的地方风味，在东晋、南宋时期，由于徽商的崛起，这种地方风味逐渐进入市肆。明代晚期和清代乾隆年间，是徽菜的黄金时代。徽菜随徽商流传到苏、浙、闽、沪、鄂，以及长江中下游各地，哪里有徽商，哪里就有徽菜馆。明清时期，徽菜在武汉、扬州迅速发展，那时传入扬州的徽州圆子、徽州饼、大刀切面，至今仍盛名不衰，促进了徽菜与淮扬菜的大交流。鸦片战争后，屯溪成为皖南山区土特产的集散地，徽商由新安江南下经浙江转到上海及沿江各地，徽菜在屯溪和沿江一带得到进一步发展。徽菜的影响遍及大半个中国，成为自成一体的著名地方风味菜。

安徽地处华东腹地，气候温和，雨量适中，四季分明，物产丰富。皖南山区和大别山区盛产竹笋、香菇、木耳、板栗、甲鱼、石鸡、桃花鳜等山珍野味。沿江、沿淮、巢湖一带是我国淡水鱼的重要产区，水产资源极其丰富。辽阔的淮北平原，肥沃的江淮、江南地区是我国农业主产区，著名的鱼米之乡。安徽当地的地产资源成为徽菜取之不尽、用之不竭的物质基础，也造就了安徽菜就地取材、就地加工、选料严谨、保持原料新鲜、本味突出的用料特征。

安徽菜主要由皖南、沿江、沿淮三种地方风味构成。以皖南风味为代表。

(一)皖南风味

皖南风味是徽州菜的代表，主要流行于黄山、歙县(古徽州)、屯溪等地和浙江西部，和沿江风味、江苏菜系中的苏南菜、浙江菜系较近。

皖南风味主要特点是擅长烧、炖，讲究火功，并习以火腿佐味，冰糖提鲜，善于保持原汁原味。不少菜肴都是用木炭火单炖、单火㸆，原锅上桌，不仅体现了徽菜古朴典雅的风格，而且香气四溢，诱人食欲。其代表菜有清炖马蹄、黄山炖鸽、腌鲜鳜鱼、徽州毛豆腐、徽州桃脂烧肉等。

(二)沿江风味

沿江风味以芜湖、安庆地区为代表，流行于沿江以后也传到合肥地区。

沿江风味以烹调河鲜、家禽见长，讲究刀工，注意形色，善于用糖调味，擅长红烧、清蒸和烟熏技艺，其菜肴具有酥嫩、鲜醇、清爽、浓香的特色。“菜花甲鱼菊花蟹，刀鱼过后鲥鱼来，春笋蚕豆荷花藕，八月桂花鹅鸭肥”，鲜明地体现了沿江人民的食俗情趣。代表菜有生熏仔鸡、八大锤、毛峰熏鲥鱼、火烘鱼、蟹黄虾盅等。

（三）沿淮风味

沿淮风味以蚌埠、宿县、阜阳等地为代表，主要流行于安徽中北部。

沿淮风味有质朴、酥脆，咸鲜、爽口的特色。在烹调上长于烧、炸、熘等技法，善用芫荽、辣椒配色佐味。代表菜有奶汁肥王鱼、香炸琵琶虾、鱼咬羊、老蚌怀珠、朱洪武豆腐、焦炸羊肉等。

安徽菜的主体风味基本上以咸鲜为主，味咸中微有甜味，整体风味比较醇和浓厚，善于表现原料的自然风味。

四、湖南菜

湖南菜简称湘菜，是泛指我国中南地区，以湖南省为中心的地方风味菜。湖南菜是以辣味著称的地方菜，有内陆烹饪的风格，近几年发展很快，突出菜品的乡土和家常风味。

湖南位于我国中南地区、气候温和，四季分明，雨水充足，日照较好，是我国重要的农、牧、渔发展均衡的地区，自然物产极其丰富，是重要的"鱼米之乡"，"湖广熟，天下足"的民谚更是广为人知。其丰富物产为烹饪提供了大量优质的水产、蔬菜、家畜、家禽原料。

湖南菜的制作历史悠久、丰富。早在战国时期，爱国诗人屈原在他的名篇《招魂》里就述说了当时湖南有很多种珍馐美味。后来在长沙马王堆汉墓发现了我国迄今为止最早(汉代)的重型简菜单，其中记录103种名菜品和9类烹调方法，当今湖南的许多名菜和烹调技艺，都可以从这里追溯到渊源。六朝以后，湖南烹饪随统治者和士大夫的重视而丰富和活跃了起来。明清时期，湖南烹饪发展到了黄金阶段，五口通商，海禁大开，商旅云集，市场繁荣，茶楼酒馆遍及全省，湘菜的风格初步形成，出现了多种烹饪流派。到了民国，湘菜以其独有的风姿驰名国内。特别是20世纪90年代，湘菜更在全国流传开来，其特有风格的几大类菜，在各大菜系中都得到应用和发展，湖南菜已成为中国地方风味的重要组成部分。

湖南是全国鱼米之乡，富饶物丰，可供烹调的原材料极其丰富。比较著名的物产有洞庭鲴鱼、金龟、银鱼、白鳝、水鱼、鳅鱼等淡水湖产；家畜家禽有猪、牛、羊、狗、鸡、鸭、鹅、鹌鹑；植物类有寒菌、冬笋、魔芋、蘑菇、凤尾菌、黄花菜以及特色的调味品红干椒、永丰辣酱、湘潭子油姜、浏阳豆豉等，这些都为湘菜的繁荣提供了物质基础。

湘菜包括湘江流域、洞庭湖区和湘西山区三个地区的菜点特色。它们各自相对独立，有很大的风味差异。湘江流域的菜以株洲、衡阳、湘潭为中心，是湘菜的主要代表，其特色是油重色浓，讲求实惠，注重鲜香、酸辣、软嫩，尤以煨菜和腊菜著称。洞庭湖区的菜以烹制河鲜和家禽家畜见长，特点是量大油厚，咸辣香软，以炖菜、烧菜出名。湘西菜擅长制作山珍野味、烟熏腊肉和各种腌肉、风鸡，口味侧重于咸香酸辣，有浓厚的山乡风味。湖南菜最大特色一是辣，二是腊。

品种繁多、口味复杂的众多调味品，经湘菜烹饪大师在烹调过程中的变化组合，形成了以味浓、色重、清鲜兼备和酸辣、咸为主体风格的众多的麻辣味、椒盐味、胡椒味、陈皮味、咸辣味、咸酸味、五香味、咸鲜味等味型。特别是酸辣味别具风味特色。

湖南菜代表菜有东安仔鸡、酸辣狗肉、走油豆豉扣肉、组庵鱼翅、芙蓉鲫鱼、腊味合蒸等。另外，长沙小吃是中国四大小吃之一，主要品种有糯米粽子、麻仁奶糖、浏阳茴饼、浏阳豆豉、湘宾春卷等。

知识拓展

“四大菜系”与“八大菜系”

我国的菜系是指在一定区域内，由于气候、地理、历史、物产及饮食风俗的不同，经过漫长历史演变而形成的一整套自成体系的烹饪技艺和风味，并被全国各地所承认的地方菜肴。中国菜肴在烹饪中有许多流派，其中最有影响和代表性的也为社会所公认的有鲁、川、粤、闽、苏、浙、湘、徽菜系，即被人们常说的中国“八大菜系”。其中鲁、川、粤、苏四大菜系形成历史较早，称为“四大菜系”。

有人把“八大菜系”用拟人化的手法描绘为：苏、浙菜好比清秀素丽的江南美女；鲁、皖菜犹如古拙朴实的北方健汉；粤、闽菜宛如风流典雅的公子；川、湘菜就像内涵丰富充实、才艺满身的名士。

中国“八大菜系”的烹调技艺各具风韵，其菜肴之特色也各有千秋。

五、福建菜

福建菜又称闽菜，起源于福建省闽侯县。它以福州、泉州、厦门等地的菜肴为代表发展而来，是中国烹饪主要菜系之一，以烹制山珍海味而著称。在色、香、味、形兼顾的基础上，尤以香味见长。其清新、和醇、荤香、不腻的风味特色，在中国烹饪文化宝库中占有重要一席之地。

福建位于我国东南隅，依山傍海，终年气候温和，雨量充沛，四季如春。其山区地带林木参天，翠竹遍野，溪流江河纵横交错；沿海地区海岸线漫长，浅海滩辽阔，地理条件优越，山珍海味丰饶，为闽菜系提供了得天独厚的烹饪资源。据明代万历年间的统计资料，当时当地的海、水产品共计 270 多种，而现代专家的统计则有 750 余种。

闽菜的风格特色是淡雅、鲜嫩、和醇、隽永。主要表现在四个方面：

（一）烹饪原料以海鲜和山珍为主

由于福建的地理形势依山傍海，北部多山，南部面海。苍茫的山区盛产菇、笋、银耳、莲子和石鳞、河鳗、甲鱼等山珍野味；漫长的浅海滩涂，鱼、虾、蚌等海鲜佳品，常年不绝。平原丘陵地带则稻米、蔗糖、蔬菜、水果誉满中外。大自然给闽菜提供了丰富的原料资源，也造就了几代名厨和广大从事烹饪的劳动者，他们以擅长制作海鲜原料，并在蒸、汆、炒、煨、爆、炸等方面独具特色。如全国最佳厨师强木根、强曲曲"双强"兄弟，使闽菜的烹饪技艺跃上一个新台阶，使古老朴实的传统闽菜，发挥了新的活力。

（二）刀工巧妙，一切服从于味

闽菜注重刀工，有"片薄如纸，切丝如发，剞花加荔"之美称。而且一切刀工均围绕着"味"下功夫，使原料通过刀工的技法，更体现出原料的本味和质地。闽菜反对华而不实，矫揉造作，提倡原料的自然美并达到滋味沁深融透、成型自然大方、火候表里如一的效果。"雀巢香螺片"就是典型的一菜，它通过刀工处理和恰当的火候使菜肴犹如盛开的牡丹花，让人赏心悦目又脆嫩可口。

（三）汤菜考究，变化无穷

闽菜重视汤菜，与多烹制海鲜和传统食俗有关。闽厨长期以来把烹饪和确保原料质鲜、味纯、滋补联系起来，他们根据长期积累的经验，认为最能保持原料本质和原味的当属汤菜，故汤菜多而考究：有的白如奶汁，甜润爽口；有的汤清如水，色鲜味美；有的金黄澄透，馥郁芳香；有的汤稠色酽，味厚香浓。鸡汤汆海蚌就是有代表性的一菜，它的"鸡汤"不是单纯的"鸡"汤，而是经过精心制作的"三茸汤"，取料于母鸡、猪里脊、牛肉提炼而成，汆入闽产的海蚌后，令人回味无穷。

（四）烹调细腻，特别注意调味

闽菜的烹调细腻表现在选料精细、泡发恰当、调味精确、制汤考究、火候适当等方面。特别注意调味则表现在力求保持原汁原味上。善用糖，甜去腥膻；巧用醋，酸能爽口，味清淡则可保持原味。因而有甜而不腻，酸而不淡、不薄的盛名。

福建菜中的"佛跳墙"是最著名的古典名菜，相传始于清朝道光年间，百余年来，一直驰名中外，成为中国最著名的特色菜之一。据传，清末福州杨桥巷"官钱庄"老板娘是浙江人，她对烹饪技艺颇有研究。有一天，"官钱庄"老板宴请布政司周莲，老板娘亲自下厨，选用鸡、鸭、猪肚、猪脚、羊肉、墨鱼干等 20 多种原料，一并装入绍兴酒坛，盖严坛口，用文火煨制荤厚味香的菜肴。周莲尝后赞不绝口。事后，周莲携衙厨郑春发登门求教。在老板娘指导下，郑春发领悟了烹调的奥秘。郑春发在仿效其烹调方法的同时，在用料上加以调整，多用海产品，少用肉类，使烹制出的菜肴不油不腻，愈加荤香可口。1865 年，郑春发与人合伙开办三友斋菜馆

(1905年改店名为聚春园，即现在的聚春园大酒店的前身)，将此菜推向市场。一天，几位文人墨客雅聚春园饮酒品菜，郑春发捧此菜上桌，当坛盖揭开时，满席荤香，令人陶醉。众人尝之津津有味，赞不绝口。有秀才问："此菜何名?"郑答："尚未定名。"秀才们乘兴吟诗作赋，有位秀才吟道："坛启荤香飘四方，佛闻弃禅跳墙来……"文人墨客拍手称奇。从此，这一诗意的缩写"佛跳墙"便成了此菜的正名。100多年来，"佛跳墙"经几代名厨的不断改造、创新，愈臻上品，脍炙人口，成为闽菜的首席菜，深受海内外宾客的赞赏。

闽菜其他著名的菜肴还有醉糟鸡、酸辣烂鱿鱼、烧片糟鸡、太极明虾、清蒸加力鱼、荔枝肉等。

六、浙江菜

浙江菜系以杭州菜为代表。浙江菜系各地风味比较统一，主要流行于浙江地区，和江苏菜系中的苏南风味、安徽菜系中的皖南、沿江风味较近。

浙江菜有悠久的历史，它的风味包括杭州、宁波和绍兴三个地方的菜点特色。杭州菜重视原料的鲜、活、嫩，以鱼、虾、时令蔬菜为主，讲究刀工，口味清鲜，突出本味。宁波菜咸鲜合一，以烹制海鲜见长，讲究鲜嫩软滑，重原味，强调入味。绍兴菜擅长烹制河鲜、家禽，菜品强调入口香绵酥糯，汤浓味重，富有乡村风味。浙江菜具有色彩鲜明、味美滑嫩、脆软清爽和菜式小巧玲珑、清俊秀丽的特点，以炖、炸、焖、蒸见长，重原汁原味。浙江点心中的团子、糕、羹、面点品种多，口味佳。名菜名点有龙井虾仁、西湖莼菜汤、虾爆鳝背、西湖醋鱼、炸响铃、炝蟹、新风鳗鲞、咸菜大汤黄鱼、冰糖甲鱼、牡蛎跑蛋、蜜汁灌藕、嘉兴粽子、宁波汤团、湖州千张包子等。

七、谭家菜

谭家菜出自清末官僚谭宗浚家中，流传至今，已有百余年历史了。

谭宗浚，字叔裕，广东南海人。谭宗浚在同治十三年27岁时考中了榜眼，以后入翰林，督学四川，又充任江南副考官，稳步跨进了清朝的官僚阶层。

谭宗浚一生酷爱珍馐佳味。从他在翰林院中做京官的时候起，便热衷于在同僚中相互宴请，以满足口腹之欲。当时，饮宴在京官生活中几无虚日。每月有一半以上都饮宴。谭宗浚在宴请同僚时，总要亲自安排，将家中肴馔整治得精美适口，常常赢得同僚们的赞扬，因此在当时京官的小圈子中，谭家菜便颇具名声。

谭家菜具有与众不同的特点，表现在甜咸适口、南北均宜，讲究原汁本味、火候足、下料猛。

谭家菜中最驰名的是燕翅席。吃燕翅席有一定的仪式。客人进门，先在客厅小坐，上茶水和干果。待人到齐后，步入餐室，围桌坐定，一桌10人。先上6个酒菜，有叉烧肉、红烧鸭肝、蒜茸干贝、五香鱼、软炸鸡、烤香肠。这些酒菜一般都是热上。与此同时，上等的绍兴黄酒也烫热端上，供客人们交杯换盏。

酒喝到二成，上头道大菜黄焖鱼翅。这道菜鱼翅软烂味厚，金黄发亮，浓鲜不腻，吃罢后，口中余味悠长。

第二道大菜为清汤燕菜。在上清汤燕菜前，有人会给每个客人送上一小杯温水，请客人漱口。因为这道菜鲜美醇酽，净口后方能更好地体味其妙处。

接着上来的是鲍鱼，或红烧，或蚝油，汤鲜味美，妙不可言。但盘中的原汁汤浆仅够每人一匙之饮，食者每以少为憾，引动其再来的念头。这道菜亦可用熊掌代之。

第四道菜为扒大乌参。参有尺许长，三斤重，软烂糯滑，汁浓味厚，鲜美适口。

第五道菜上鸡，如草菇蒸鸡之类。

第六道为二素菜，如银耳素烩、虾子茭白、鲜猴头等。

第七道菜上鱼，如清蒸鳜鱼。

第八道菜为鸭子，如黄酒焖鸭、干贝酥鸭、葵花鸭、柴把鸦等。

第九道上汤，如清汤哈土蟆、银耳汤、珍珠汤等。所谓珍珠汤，是用刚刚吐穗、二寸来长的玉米做成的汤。此汤有一股淡淡的甜味，清鲜解腻，非常适口。

最后一道菜为甜菜，如杏仁茶、核桃酪等，随上麻茸包、酥合子两样甜咸点心。至此，谭家菜燕翅席便结束。上热毛巾把揩面后，众起座到客厅，又上四干果、四鲜果。一人一盅云南普洱茶或安溪铁观音，茶香馥郁，醇厚爽口，饮后回甘留香。

曾有人在吃了谭家菜的燕翅席后，发出过“人类饮食文明，到此为一顶峰”的赞叹。

本章小结

中国饮食文化的风味流派由海滨风味、山乡风味、平原湖区风味、草原牧区风味、清真风味、素食风味等组成。在地方风味中，首先是四大菜系，即苏系、鲁菜系、粤菜系和川菜系，它们的历史发展最为悠久，影响面很广，在这四大菜系的影响范围下地方风味在历史发展中也出现了一些风味变化，形成了相对稳定并具有一定地方风味特色的流派，主要由北京菜、上海菜、安徽菜、湖南菜构成。宗教流派菜肴主要是由中国素菜和中国清真菜构成。至于中国面点，影响最大、品种最多、特点最鲜明的地方小吃主要有北京小吃、天津小吃、上海小吃、江苏小吃、山东小吃、四川小吃和广东小吃。众多的风味流派和地方小吃构成了中国饮食文化博大精深的内涵与色彩绚丽的画面。

思考与练习

一、基本训练

(一)概念题

1.菜系

2.风味流派

(二)选择题

1.淮扬菜系的主体是(　　)菜。

A.苏州　　B.扬州　　C.常州　　D.杭州

2.麻婆豆腐是(　　)的代表菜。

A.川菜　　B.粤菜　　C.鲁菜　　D.京菜

3.食酸几乎到了无菜不酸的地步,而且是无菜不腌的少数民族为(　　)。

A.侗族　　B.苗族　　C.瑶族　　D.布依族

(三)简答题

1.中国饮食的风味流派有哪些?

2.中国饮食的基本特征是什么?

3.四大菜系包括那些地方风味菜?

(四)问答题

1.我国少数民族菜各有什么特点?(试举例说明)

2.中国素食风味有什么特征?

二、理论与实践

(一)分析题

1.为什么说我国的主要地方菜系"南重北轻"?

2.在四川菜系中,为什么说"成都菜就像竹林小院门前潺溪似的,有一种小家碧玉之美;重庆菜就像重庆的地理地势一样,大山大河似的,有一种气吞万象之势"?

3.菜系划分有什么意义?

(二)实训题

根据现代烹饪流行的趋势,请试着烹制一道北菜川味的菜(鲁菜的烹制方法,川菜的调味方法)。

第三章　中国饮食原料与技术文化

课前导读

中国菜之所以风靡世界，主要因为它源远流长，有数千年的文化积存，是中国古老文明的一部分。同时，它又与中国丰富多彩的烹饪原材料、精湛的烹饪技术、令人难忘的菜肴名称息息相关，本章将就中国饮食原料文化、技术文化、菜肴命名文化等进行阐述。

学习目标

- 了解中国饮食的一般原料
- 了解中国饮食的新潮原料
- 了解中国菜肴的烹饪技术
- 掌握中国菜肴的命名

第一节　中国饮食原料文化

我国多样的气候、复杂的地形、优越的地理位置，为各种动植物的生长提供了良好的自然环境，丰富优质的自然资源为中国的烹饪选料提供了优越的条件。我国的烹饪历史源远流长，随着人类文明的发展，对饮食的讲究及追求，经过不断的实践、筛选，烹饪原料的品种在不断地增多和充实；同时也探索出烹饪原料进行再加工的方法。加工出大量的别有风味特色的复制品，大大地丰富了烹饪原料的内容。种类繁多、选用广泛、品质上乘等是我国烹饪原料的特点。我国的烹饪原料总数达万种以上，稻麦豆薯，干鲜果蔬，畜禽鸟兽，鱼鳖虾蟹，蛋奶菌藻，本草花卉，乃至昆虫野菜都可选做烹饪原料。

一、一般原料

（一）家禽类

家禽类原料是指人工饲养的鸟类动物，主要有鸡、鸭、鹅、鹌鹑、肉鸽、火鸡等。

（二）家畜类

家畜类原料通常指人工饲养的哺乳动物，是人类肉食的主要来源。家畜种类很多，如猪、牛、羊、驴、马、骡、狗、兔、骆驼等。

（三）畜禽制品

畜禽制品分腌制品、脱水制品、灌肠制品和其他制品（烟熏制品、烘烤制品、酱卤制品、罐装制品）四大类，主要品种有火腿、腊肉、香肠、香肚、肉松等。

（四）水产品

水产品是产于江河湖海的各种可食性原料的统称。主要有鱼类、虾蟹类、软体类和其他水产类。

（五）蔬菜类

蔬菜是植物新鲜的根、茎、叶、花等可食部位的烹饪原料。

（六）干货制品

干货制品是由各种动植物鲜活原料经过脱水加工而成的一类烹饪原料。主要有海味类干货（如鱼翅、海参）和陆生类干货。陆生类干货是用各种畜、禽、野味、蔬菜等鲜活原料干制品而成，多数属于山珍，品种很多，其中驼峰、鸵蹄、板鸭、哈士蟆油、香菇、猴头菇、竹荪、冬虫夏草等较名贵。

（七）调味品

调味品是在烹饪过程中用于调味的一类原料的统称，如酱油、盐、味精、醋、蚝油等。

二、新潮原料

随着经济的发展，交通条件的改善，烹饪原料的地域性局限大大减弱。不少国外烹饪原料纷纷进入国内，走上餐桌。另外，由于科学技术和生产工艺的进步，不少烹饪原料新品种被开发、培育出来。一进入市场便为烹饪行家和消费者接受，涌现了许多特色菜肴。下面介绍目前较为新潮的烹饪原料。

（一）水果类

水果是人们生活中不可或缺的一种食物，也是人类饮食结构中的一个重要组成部分。近年来餐饮市场对水果的需求，无论是品种还是数量都有较大的拓展，且成为餐饮的时尚选择。除了常见的水果外，又有不少水果加入了烹制的行列，如蛇果、杧果、木瓜、猕猴桃、椰子、甘蔗、柠檬、火龙果、红毛丹等。菜肴制作甜、咸均有，主、辅皆可。有的水果与燕窝、哈士蟆油、鱼翅等高档原料相匹配，起到了其他原料难以达到的效果。

（二）蔬菜类

1.洋菜

洋菜是指从国外引进质地优良的蔬菜新品种的总称。这些新品种与国内一般蔬菜相比，风味独特，色调别致，营养丰富，不少品种还寓药于食，具有一定的药用保健功效。

根菜类有牛蒡、根芹菜、婆罗门参等；茄果类有樱桃番茄、五彩甜椒、香艳茄等；绿叶类有西芹、洋菠菜、大叶芫荽、橘红心白菜等；甘蓝类有紫甘蓝、羽衣甘蓝、孢子甘蓝、西蓝花等；瓜菜类有小南瓜、厚皮甜瓜、西葫芦、切根黄瓜等；多年生类洋菜有辣根、黄秋葵、芦笋、玉米笋等。

2.野菜

野生蔬菜主要包括某些森林、海洋、荒野、湖滩植物的根、茎、叶、果、花和菌藻类原料。随着饮食回归自然理念的兴起，野生蔬菜越发受人青睐。由于野生蔬菜生长于山野、荒郊、水荡，全凭天然生长，少污染、无残毒，食之对人体无任何不良作用，因而成为纯天然的绿色食品。最受欢迎的是被人们称为“森林蔬菜”和“海洋蔬菜”的野生品种。

（1）森林蔬菜是国内外时兴的热门货，它生长于山区、森林、田野，无环境污染，营养丰富，且具有较高的医疗保健作用。常见的有苜蓿、荠菜、马兰头、马齿苋、鱼腥草、蒲公英、蒌蒿、蕨菜等。

（2）海洋蔬菜将成为21世纪的健康食品。海洋蔬菜即常见的海带、紫菜、裙带菜等海藻。海藻含人体必需的营养物质，由于光合作用，海藻把海洋里的种种无机物转化为有机物，因此海藻内含有陆生蔬菜中所没有的植物化合物，对人体十分有益，尤其是对困扰现代人的许多疾病，都有良好的防治作用。常见的有海带、鹅掌菜、裙带菜、苔菜、石花菜、麒麟菜、鹿角菜、石莼等。

3.特菜

特菜即特种蔬菜，是20世纪80年代开始出现的新型蔬菜种类的总称。特菜包括异地引进的种类和品种，由观赏、药用转为食用的种类及由某种蔬菜类新扩展的种类等。特菜有明显的时间性、区域性、驯化性和创新性，近年来受到生产者、消费者和烹饪专业人员越来越多的重视。

特别提示

特菜即特种蔬菜，又称为稀有蔬菜。特种蔬菜的营养价值不同于一般的大众蔬菜，它的风味、食用价值和食用方法独具特色且多种多样。

特菜品种繁多，琳琅满目。白菜类有奶白菜、小白菜、京水菜、叶盖菜等；绿叶菜类有生菜、油麦菜、珍珠菜、人参菜等；根茎菜类有天绿香、何首乌、菊芋、百合等；瓜果类有香瓜茄、四棱豆、节瓜等；水生类蔬菜有蒲菜、西洋菜、海菜花、莼菜等。

近年来"特菜"的种植、选用、烹制又有了新的变化，出现了彩色蔬菜，彩色蔬菜是指传统蔬菜中许多颜色特殊的品种，如一般甜椒只有青、红两色，而七彩甜椒却有橙、红、黄、紫、深绿、浅绿、宝石绿七色；番茄由大红而变成宝石红、樱桃红、黄、金黄、绿，还有一种番茄表皮有红、黄、绿宽条纹相间的色彩；花菜有紫、绿、黄色等。

袖珍蔬菜，指传统蔬菜中许多小巧玲珑的品种。袖珍蔬菜以美观可爱、食用方便、营养丰富为特色。它既包括了一些传统蔬菜改良后的新品种，也有科研人员新近培育的稀特品种。主要品种有袖珍黄瓜、袖珍番茄、袖珍白菜、袖珍甘蓝、袖珍茄子、袖珍辣椒、袖珍南瓜、袖珍冬瓜等。

种芽蔬菜，指各种作物的种子生成细芽供食用的蔬菜。此类蔬菜无公害，培育规模化，栽培方式灵活，风味别致。种芽蔬菜分两类，一类为种芽，另一类为体芽。种芽菜有黄豆芽、绿豆芽、蚕豆芽、花生芽、芝麻芽、萝卜芽、苜蓿芽、豌豆苗、谷芽、荞麦芽等；体芽菜有枸杞头、竹笋、芦笋、龙芽槐木、佛手瓜茎梢、菊花脑、花椒芽等。

（三）花卉类

古人以花入肴，不仅取其色艳、香清和味美，还因它有健康保健、祛病延年之功。自然界许多花卉都可以食用，兰花色泽淡雅、清香鲜爽，是原味去腻、淡味提香的理想配料；梅花花质细嫩，多入羹肴，以存其色香味之特色；梨花清香甜淡，入菜时多以之点缀佳肴；榆钱烹饪后色泽或金黄或碧绿，气味由香甜绵软而浓郁扑鼻，不失时鲜风味；夜来香花香蒸腾四溢，沁人脾胃。

欧美、日本等国食花已很流行，并出现了食用花研究会、花料理教室，还生产了不同品种的鲜花食品罐头。中餐用花做菜方法多样，糖渍、盐腌、水烫、入炒、炖汤、油炸、做馅、冷拌、热炝等均可。

（四）菌菇类

食用菌分为野生菌和栽培菌两大类。野生菌由于多种原因已很少在市场上见到，在产地也只偶尔采集。目前市场供应的绝大部分是人工栽培的菌菇。传统的香菇、蘑菇、草菇、银耳、黑木耳等早已人工栽培，连一些珍贵的食用菌，如竹荪、松茸、猴头菇、虫草、灵芝等也开始了人工栽培。近年又出现了不少菌菇新品种，如白灵菇、杏鲍菇、滑子菇、茶树菇、鸡腿菇、珊瑚菌、喇叭苗、鹅蛋苗、珍珠菌、龙眼菌等。一些高档的菌菇原料，如羊肚菌、牛肝菌、松茸、花菇、鸡腿菇等也进入了菜谱。食用菌原料几乎所有中菜烹制方法都能应用，可做冷菜、热菜，也可做汤菜、点心。

知识拓展

松茸

松茸是一种珍贵的真菌，学名松口蘑，别名有大花菌、松菌、剥皮菌等多种。松茸的营养价值很高，富含粗蛋白、粗脂肪、粗纤维和维生素 B_1、维生素 B_2、维生素 C、维生素 PP 等，不仅味道鲜美可口，还具有药用价值，能强身、益肠胃、止痛、理气化痰、驱虫及治疗糖尿病等独特功效，是老年人理想的保健食品。欧洲、日本自古就视松茸为山珍，日本在古代还把松茸作为百姓向贵族和皇亲国戚进献的贡品之一。松茸是一种纯天然的珍稀名贵食用菌类，被誉为“菌中之王”。

白灵菇

白灵菇也称阿魏菇、天山神菇，野生，主产于我国新疆地区。目前，国内外面市的鲜、干、罐装品白灵菇，95%均采用天然原料人工培育，其形态大多是掌状（短柄）、漏斗状（长柄）、丛生或单生。色泽为纯白或奶白色，成熟菇体基本由菇盖、菇柄两部分组成。菇盖直径 5~20 厘米，厚度 3 厘米以上；菇柄由于品种不同，长短不一，直径 3~10 厘米。菌肉组织密实、细嫩。白灵菇比常见菇类如大平菇、香菇、双孢菇、金针菇等，菇体肥厚硕大，属超级大型稀有菇类。它独特的口感性（质地脆滑、鲜美）是常见菇无可比拟的。据国家食品质量监督检验中心测试，白灵菇的蛋白质含量高达 14.7%（是普通果蔬的 2~5 倍，甚至更高），并含有 18 种人体所需的氨基酸（赖氨酸含量尤高），多种维生素（以维生素 D 最丰富）、亚油酸、不饱和脂肪酸、钙、锌、锰等微量元素和白灵菇菌多糖（每克含有 190 毫克）。除可提供人体必需的低脂肪、高蛋白营养外，还有极佳的医疗保健作用。白灵菇菌多糖等生理活性物质对一些疾病如老年心血管病、儿童佝偻病、肝、脾大等病有良好的辅助治疗作用，同时具有防癌、抗癌、增强机体免疫力、调节人体生理平衡等极佳的保健作用。白灵菇作为菌物食品中的珍品，是近几年才向大众推荐的食用保健菇。

（五）粮食类

米、面粉、杂粮制品等粮食类原料，通常用来制作主食，有些菜肴偶尔用到也多为挂糊、拍粉之用。随着当今营养观念的逐步普及和菜点制作技术的不断融合，粮食类也开始为许多菜肴所利用，并逐渐流行起一种新的菜点结合制作美味佳肴的模式。

粮食原料作主料入菜，一般采用三种形式。一是运用菜肴加工手段和烹调方法，将米、粉或其他制品直接做菜，传统的风味菜肴有桃花泛、虾仁锅巴、麻糖锅炸等。二是将加工成型的面点制品，改变其原有加热方式，借助菜肴的烹调方法，再加以一定辅料，制成菜肴，如淮安传统名食馓子改良而成的三鲜茶馓，还有响铃鸡片、八宝卷煎饼等。三是利用粮食原料的特殊性能和口感作为辅助原料，更是大量出现在菜谱上，如中国名菜北京烤鸭，吃时带薄饼上桌；香酥鸭子跟荷叶饼配合；干烧鳜鱼镶面是在于烧鳜鱼盘上镶上熟面条，鱼面相配风味独特。

除稻米、小麦外，玉米、豆类、薯类等粮食类原料也纷纷进入厨房，并创制了大量富有特色的菜肴。黑米、燕麦、荞麦、大豆、赤豆、绿豆等原料，因其所含特殊营养成分和独特风味，也不断为菜肴所选用。

（六）人造原料类

人造类原料主要有人造花生、人造大米、人造植物肉、人造火腿、人造虾、人造鱼子、人造蜇皮、人造蟹肉、人造肉皮、人造鱼翅等。

第二节　中国饮食技术文化

一、冷菜制作技术

冷菜是菜肴中一个重要的而且颇具特性的种类，其制作技术是烹调技术中一个重要组成部分。冷菜在筵席中具有先声夺人、突出显示筵席规模与水平的地位和作用。冷菜常用的制作方法主要有拌、炝、酱、卤、酥、腌、熏、冻等。

（一）拌

拌是指将能生食的原料或熟制凉凉的原料加工切配成较小的丝、丁、片、块等形状，再用调味料直接调拌成菜的烹调方法。拌按选料和菜品特点分生拌、熟拌、生熟拌三种。

（二）炝

炝是将加工成丝、片、条、块等形状的小型原料，用滑油或沸水打焯，以花椒、辣椒、精盐为主要调料调拌成菜的一种烹调方法。炝菜均需加热成熟，根据加热的方式不同，分为滑油炝和焯水两种使原料断生的方式。

（三）酱

酱是指将经腌制或焯水后的原料，放入酱汤中，先用旺火烧沸，再用小火煮熟烂的一种烹调方法。

（四）卤

卤是将原料放入调好的卤水中，用小火煮至成熟，再用原汁浸渍入味的一种烹调方法。卤的原料大多是鸡、鸭、鹅、猪、牛、羊及其内脏、豆制品、禽蛋类等。

（五）酥

酥是指将原料和经熟处理的半成品，有顺序排列放入锅内，加入以醋和糖等调味料，用慢火长时间焖至骨酥味浓的烹调方法。酥以原料的骨质酥软为标准。

（六）腌

腌是用调味品将主料浸泡入味的方法。腌制凉菜不同于腌咸菜，咸菜是以盐为主，腌制的方法也比较简单，而腌制凉菜需用多种调味品，口味鲜嫩、浓郁。

（七）熏

熏是指经加工处理后的半成品，放入加了糖、茶叶、米类、甘蔗皮及香料的熏锅中，在加热过程中，利用熏料散发的烟香熏至成菜的烹调方法。熏主要适用于动物性原料及豆制品。

（八）冻

冻是将富含胶质的原料，放入水锅中熬或蒸制，使其胶质溶于水中，经冷却使原料凝结成一定形态再食用的一种烹调方法。

二、热菜制作技术

热菜是食用原料经加工改刀后，通过各种传热方式或方法，经合理调味与恰当的火候烹制出的菜肴，食用时具备符合就餐者生理要求的热度。热菜常用的制作方法有如下几种。

（一）炸

炸是我国菜肴中常用的加热方法之一，以油为传热介质，将加工处理的原料投入热油锅中炸至成熟的一种烹调方法。炸是用旺火大油量（油量超过原料数倍），使制品的口味达到香、脆、酥、嫩的目的。炸又分干炸、软炸、酥炸、包炸、卷炸、脆炸、松炸等。

1.干炸

干炸又称清炸。一般主料不挂糊，炸前将原料放在盛器里加入调味品拌渍，使调味品吸附于原料表面，然后再下锅炸。按形状大小和质地老嫩，往往间隔地炸两次以上，使菜肴外面香脆，里面酥嫩。也有一种在拌渍调味品后，滚上一层干淀粉（或面粉）再下锅炸，上桌时撒上调味品或另配辣椒油、椒盐，以便蘸食，例如焦盐里脊、干炸鲜鱼等。

2.软炸

软炸又称焦炸。一般在加热前要挂糊，适用于形状小的块、条、片等无骨原料。成品质量要求外表松脆，里面软嫩，色泽金黄，如挂上蛋泡糊则要求以松软为主，色白饱满，采用小火温油。不论采取哪种方法挂糊，炸时必须逐块下锅，防止粘连。装盘后，椒盐或番茄酱、香菜配在盘边。

3.酥炸

酥炸是先将原料蒸至酥烂，待冷后再用油炸。拆骨的大多要挂糊，不拆骨的大多不挂糊。酥炸的步骤一般是先用细盐、绍酒抹遍原料全身，再加葱、姜等调味品蒸至酥烂，然后挂糊下油锅。例如香酥鸭、油炸糯米鸡、焦盐肘子等。

4.包炸、卷炸

包炸和卷炸是指无骨原料切成形状较小的片、茸、条，先浸渍或掺入调味品，外面用网油或另一种原料包裹起来，挂上糊再炸，例如网油虾卷、网油鱼卷等。

5.脆炸、松炸、油淋

脆炸是将整只原料略煮一下，再放入油锅炸熟，皮脆色黄。松炸是原料切成茸或薄片，挂上蛋泡糊，用小火温油使成品炸得涨发饱满。油淋是整只原料煨熟，再用热油淋其表面，使成品皮香肉嫩，如油淋肥鸡等。

（二）炒

炒原料多用片、丝、丁、条等，以铁锅和油为传热介质，将切配后的小型原料放入小量油锅中，用旺火快速翻拌成熟的一种烹调方法。煸炒和熟炒用小油量，滑炒油量稍多，要上薄浆，低温油，与爆的方法比较，是油温稍低。炒有一种或数种配料，一般是先将主料炒半熟，再放入配料或作料，淋上汁出锅。有时将主、配料分开炒熟，然后合在一起。只炒单一料的，则为清炒。下面将煸炒、熟炒、滑炒加以说明。

1.煸炒

用小油量，不需沥出余油，原料不挂糊上浆，下锅前也不浸渍调味品，多用片、丁、丝等原料，旺火热油，主料下锅后，手勺不停地翻炒，然后放入配料，加入调味品，勾芡起锅，煸炒又称生炒。

2.熟炒

先将整块主料煮熟（不宜过熟），然后去骨去皮，切成较大的薄片和薄条状，再下锅煸炒，例如炒回锅肉。

3.滑炒

操作方法基本与滑熘相同。

（三）爆

爆是用旺火沸油，锅内油量比炸、熘要少些，油与原料是 2∶1 左右，操作时动作要迅速，原料一般不挂糊上浆。爆菜的特点是脆嫩异常。有的菜在油爆前将原料装在漏勺里，放入汤锅里烫一下，使其排出一些水分，然后投入沸油锅里爆，用勺迅速推两下，立即起锅，沥干油，锅内稍留余油，倒入爆过的原料，对入调好的汁，颠簸几下即可装盘。也有先将汁入锅烧开，后放爆过的原料。总之，调味汁必须裹紧原料，例如爆双脆、酱爆肉片、麻辣肚丝、油爆虾等。

（四）熘

熘是以油或水为传热介质，将加工切配好的原料加热成熟，然后另起炒锅调制卤汁，浇淋于原料上或将原料投入芡汁锅中熘制入味的一种方法。也有不用油炸，先蒸熟再调入卤汁的。卤汁的调拌，凡大型原料宜装盘后浇上卤汁，未熟透的则下锅与卤汁稍炒一下。还有在锅中颠簸，裹上卤汁的。熘菜一般要求旺火速成，以保持菜的香脆、鲜嫩、滑软等特点，可分脆熘、滑熘、醋熘、糖熘、糟熘等。

1.脆熘

将原料切好后，先用调味品拌渍，再用水淀粉上浆或挂糊，投入旺火热油中炸，使原料外焦内嫩、色泽深黄。再另起油锅调制卤汁，勾芡烧开，乘原料沸热时浇上卤汁，或将炸过的原料倒入卤汁锅里一拌立即出锅，如糖醋排骨、麻辣子鸡、酸辣肉丁、糖醋脆皮鱼等。

2.滑熘

以片、丝、丁等小形无骨原料为主。先用调味品浸渍，再用蛋清淀粉上浆，投入五成热油锅中将原料滑熟。如果原料较大、油温过高，可离火滑熘一会，然后将滑好的原料倒入卤汁锅里颠翻拌匀，即可装盘，这种制法的特点是滑嫩鲜香，例如滑熘肉丝、熘腰花、熘酸辣肚尖、熘猪肝等。

3.醋熘、糖熘、糟熘

操作方法与滑熘相同，只有卤汁调制的区别。以酸味为主，甜咸为辅的称醋熘；以糟香为主的，称糟熘；以甜为主的称糖熘。

（五）烧

烧是将加工处理好的原料经煸炒、油炸或焯水等初步熟处理后，加适量的汤汁和调味品，慢火加热至原料入味熟烂的一种烹调方法。烧的菜多数要勾芡，用中等小火，有的原料先经过炸、煎、煸后再烧，有的蒸煮后再烧。下面分红烧、干烧加以概述。

1.红烧

一般用块状原料或大块、整条的鱼类。因原料形状较大，一般要经过油煎或煸炒，不易熟的先要蒸煮，然后加入酱油等调味品和汤汁，烧至汤少汁浓，勾芡出锅，例如红烧鱼、红烧肉、红烧狮子头、红烧牛蹄筋等。

2.干烧

与红烧大同小异,区别是汤汁比红烧更少,一般只见油汁,色泽红亮。操作程序是先将主料略煎一下待用,再煸炒调味料和配料,接着放入主料,加少许汤汁一起烧煮,熟时主料先装盘,将锅内卤汁收紧,勾芡浇在主料上,例如干烧鱼、干烧冬笋等。

(六)扒

扒是将初步熟处理的原料按要求整齐地推入锅内,加汤汁和调味品,有小火加热入味,勾芡后装盘的一种方法,例如扒肘子、扒茄条等。

(七)炖

炖是指将经过加工处理的大块或整菜原料,经焯水处理放入炖锅或其他陶瓷器皿中,加多量汤水,加热至熟烂的烹调方法。腥味重的原料,宜先煸炒喷绍酒后再炖,炖时先用旺火烧开,再用微火长时间加热,如果始终用旺火,汤色就会变白,呈浮浊状,不符合汤清味鲜的要求,加盐的时间宜在炖烂出锅时加入,早加盐会影响原料的酥烂,例如清炖牛肉、清炖羊肉、清炖鸡等。

(八)焖

焖是将切好的原料经过油煎或水煮进行初步熟处理后,再加调料和适量的清汤或清水,加盖以保持鲜香味,用中火焖熟。焖有红汤、白汤之分,但白汤居多。焖菜不挂糊、不上浆,勾芡量少,汤汁稀淡,例如黄焖鸡块、油焖四季豆等。

(九)烩

烩是以水为传热介质,将多种原料分别切成丁、丝、片等较小的形状混合在一起烹制。多数是将原料先制成熟料,下锅时加入鲜汤及调味品,调味加热成熟食,用湿淀粉勾芡,使汤、料融为一体的烹调方法。烩菜的特点是汤宽汁厚,鲜嫩味浓。有酱油的称红烩,不加酱油的称白烩,例如什锦素烩、大烩海参、红烩鸭舌掌等。

(十)氽

氽是以水为传热介质,采用旺火速成的汤菜。选择较嫩的原料,切成小的片、丝、茸或剞花刀,在含有鲜汤的沸水中氽熟,有的先将原料在沸水中烫熟,装入汤碗内,再立即浇上滚开的鲜汤。氽的特点是汤多菜少,质地脆嫩,一般只有清、白汤之分,调味品以细盐、味精、胡椒粉为主,也有用酸辣调味的,多数不勾芡不放酱油。例如清汤鱼丸、口蘑汤泡肚、汤泡鱼生、汤泡子鸡、奶汤鲍鱼、纹丝酸辣汤等。

(十一)涮

涮就是用火锅将水烧沸,食者自己用筷子夹着切成薄片的主料在滚开的火锅中涮熟,再蘸着自己调拌的味汁进食。

(十二)蒸

蒸是热菜中比较广泛使用的烹制方法,以蒸气传热,使经过加工、调味的原料成熟或熟烂入味的一种烹调方法。有的蒸后浇上汁,有的不浇汁。此外很多原料的初步加工和菜肴保温也需要蒸,所以蒸是饮食业中不可缺少的环节。蒸制的菜肴很多,例如各种肘子、扣肉、粉蒸肉以及清蒸鸡、鸭、鱼等。蒸制菜肴的工具有蒸箱、蒸笼、蒸锅。

(十三)烤

烤是指原料经腌制或加工成半成品以后,放入烤炉,利用辐射热烤至原料成熟的一种烹调方法。烤有明炉烤和暗炉烤之分。明炉烤是敞口火炉,用烤叉将原料置火上直接烤,有的在烤前要用调味品浸渍,烤后用调味品蘸食,如烤方肉。暗炉烤是用封闭的炉子烤,炉子有专门的结构,有的是砖砌,有的用铁桶制成,是利用炉内的辐射热能烤制原料,燃料多选用柴、炭、煤,如挂炉烤鸭、叉烧鸡等。

(十四)拔丝

拔丝是制作甜菜的一种烹调方法。将绵白糖加油或水炒(熬)到一定的火候,然后放入经炸过的原料翻炒而成,吃时能拔出细细的糖丝。拔丝的关键是炒糖。炒糖有四种方法,即油炒、水炒、油水合炒、干炒。四种炒法所需时间不一,但将糖炒到能拔丝的程度是瞬间的事,因此,不论采用哪种炒法,都要掌握好火候。

三、特殊烹调技术

(一)石烹

石烹是利用石块、石板传递热量的烹饪方法。主要方法有以下两种。

1.石板烧

石板烧的炊具是石板。这种石板选用优质花岗石,用200℃高温加热后,可保持恒温达一个多小时。经过裁切、减薄、磨光,制成约25平方厘米的石块。厨房在预热加工时,先用电炉将石板烧至300℃左右,趁热放在一只铁盘内,石板面上涂些芝麻油,即可上桌供客人使用。

2.桑拿石烹

桑拿石烹是利用大小相等的小型鹅卵石,洗净后放入烤盘中,投入烤箱,待烤烫后,取出用铲子盛入耐高温的玻璃器皿(或木质器皿)中,然后投入生的原料,浇入兑的卤汁,盖上盖,烧烫的卵石遇到原料和卤汁,发出吱吱啦啦的响声,浓浓的蒸气喷涌而出,犹如洗桑拿浴一样,待生料烫熟,加之浇入的调料汁使其入味,口感鲜爽滑嫩。

(二)铁板烧

铁板烧又称铁板烤,是一种特殊的烹制方法。具体操作有两种:一种是将原料经滑油或爆制后,或将原料用竹扦或铁扦穿插起来,先经热油炸制,再放入加热的小铁板上,将卤汁浇在原料上,加盖保温成菜,形成热气蒸腾的效果;还有一种为大铁板烧,将加工后的原料放在特制的大铁板上,边煎烧边调味,用手铲拨动、翻拌而成菜。

(三)干锅

干锅菜是用无耳平底锅(俗称干锅)来烹制原料,采用半煎半煮,或者事先将菜肴烹制完毕或将近完毕时放入锅中,最后收汁成菜的烹饪技法。干锅菜的原料选择较广泛,原料可以上浆,也可选鲜嫩的块状料。烹调时要加入洋葱、大葱、香菜或其他香料来提味,并要添入少许高汤,用大火烧至汤干后即成。干锅菜加热时间短,整个烹饪过程是利用油和汤汁加热原料并赋予鲜香味的。

(四)泥烤

泥烤是将加工好的原料腌渍,用网油、荷叶等包上,再均匀裹上一层黏质黄泥,埋入烧红的炭火中(或放入烤炉内)进行加热成熟的技法。

据传清代年间,在常熟虞山脚下,一个饿了好几天的叫花子在草丛中捉到一只鸡,欲以充饥。但一无锅灶二无调料,甚至连煺毛的开水都找不到,无奈之下,将鸡宰掉,取出内脏后,用几张荷叶包起来,外面裹上泥巴,堆积些枯枝败叶点火烤了起来。待烤得泥巴发黄干透时,往地上一摔,鸡毛随之脱落,扑鼻的香气四散开来。附近张大户的仆人恰巧经过,被香气吸引,向叫花子讨得煨鸡之法,回去禀告了主人。主人如法炮制,邀亲友品尝,众人吃过赞不绝口,询问主人菜名,主人以“黄泥烤鸡”回之。常熟百年老店山景园菜馆名厨朱阿二据此传说加以改进,在鸡腹内填加各种配料,以猪网油、荷叶包裹,以黄泥糊于包裹外,然后烧烤,味道更为鲜美,并美其名曰“黄泥煨鸡”。此菜现为江苏风味名菜,享誉国内外,

(五)烟熏

烟熏是将原料置于密封的容器中,利用燃料不完全燃烧所生成的烟和热量使原料成熟,并带有浓郁烟味的技法。烟熏多用于动物性原料,也可用于豆制品和蔬菜。原料可整熏,也可切成条、块状熏制。熏制设备有缸熏(炉熏)、锅熏(封闭熏)、室熏(房熏);熏料有锯末、松柏、茶叶、糖、米、樟叶、甘蔗渣、混合料等。

知识拓展

西餐烹调技术

煎:煎是西餐中使用最广泛的烹调方法之一。它是指将原料加工成型后加入调料使之入味,再投入油量少(一般浸没一半原料)、油温较高(一般为七八成热)

的油锅中加热成熟的一种烹调方法。煎可分为清煎、软煎等,如葡式煎鱼、煎小牛肉、意式煎醉猪排等。

炸:将原料加工成型后调味,再对原料进行挂糊后投入油量多(一般应完全浸没原料)、油温高(七八成热)的油锅中加热成熟的一种烹调方法。炸可分为清炸、面包粉炸、面糊炸等,如炸鱼条、炸鸡腿、炸黄油鸡卷等。

炒:将加工成丝、丁、片等的小型原料,投入油量少的油锅中急速翻拌使原料在较短时间内成熟的一种烹调方法。在炒制过程中一般不加汤汁,所以炒制类菜肴具有脆嫩鲜香的特点,如俄式牛肉丝、炒猪肉丝等。

串烧:将加工成片、块、段状的原料加调料腌渍入味后,用金属钎串起来放在敞开式炭火炉上直接把原料烤炙成熟的一种烹调方法。串烧类菜肴具有外焦里嫩、色泽红褐、香味独特的特点,如羊肉串、杂肉串、牛里脊串、海鲜串等。

煮:将原料放入能充分浸没原料的清水或清汤中,用旺火烧沸,改用中小火煮熟原料的一种烹调方法。煮制菜肴具有清淡爽口的特点,同时也保留了原料本身的鲜味和营养,如煮鱼鸡蛋沙司、煮牛胸蔬菜、柏林式煮猪肉酸白菜等。

焖:将原料初步热加工(一般为过油和着色)后放入焖锅,加入少量沸水或沸汤(一般浸没原料的1/2~2/3),用微火长时间加热使原料成熟的一种烹调方法。焖制成熟的菜肴所剩汤汁较少,所以具有酥软香乳、滋味醇厚的特点,如干果焖羊肉、意式焖牛肉、乡村式焖松鸡、苹果焖猪排等。

铁扒:将加工成型的原料加调料腌渍后放在扒炉上加热至规定的成熟度的一种烹调方法。扒制菜肴宜选用质地鲜嫩的原料,具有香味明显、汁多鲜嫩的特点,如西冷牛排、铁扒里脊、铁扒比目鱼等。

烩:将原料经初步热加工后加入浓汤汁(沙司)和调料,用先大后小的火力使原料成熟的一种烹调方法。烩制菜肴具有口味浓郁、色泽艳丽的特点,如蜜桃烩鸡、薯烩羊肉、辣根烩牛舌、咖喱鸡等。

烤:将原料初步加工成型后,加调味品腌渍使之入味,再放入烤炉或烤箱加热至上色的一种烹调方法,如烤火鸡、烤牛外脊、橙汁烤鸭、比萨饼等。

焗:指将各种经初步加工基本成熟的原料,放入耐热容器内,加调味沙司后放入烤箱加热的一种烹调方法。菜肴因带有沙司,所以具有质地鲜嫩、口味浓郁的特点,如焗蜗牛、焗小牛肉卷、焗羊排、丁香焗火腿、海鲜焗通心粉等。

第三节　中国饮食命名文化

一、菜品命名的基本原则

菜品命名，就是人们给菜品确定一个名称便于大家识记。菜品的名称除了使人们便于认识和选择外，还应注意菜名的艺术性和文化内涵。

在给菜品命名时必须遵循一定的原则，使所定菜品既便于记忆，又能反映出菜品的主体特色，同时还能给人以美的享受。

（一）名副其实

菜品的命名要以菜品的主体特色为依据，要结合实际，认真研究菜品的原料构成、刀工成型、烹调技法、成品特点、盛装器皿以及其他因素，确定出便于识记的名副其实的菜名，使之能充分反映菜品的特色和全貌。要防止哗众取宠、故弄玄虚的错误做法。

（二）简明扼要

菜品的名称要做到通俗易懂，简明扼要，力戒文字冗长。中国菜名绝大多数为3~5个字。菜名简明扼要，其目的是为了便于记忆，若字数太多，读起来费劲，记忆也较难，很容易混淆。

（三）雅致得体

烹饪是文化，是艺术，从菜名的名称上也可以反映出来。如推沙望月、掌上明珠、带子上朝、乌龙戏珠等。在借用诗句给菜品命名时，应避免牵强附会、滥用辞藻的做法，更不可庸俗无聊，一定要力求雅致得体、朴素大方，给人以美好的联想。

二、菜品命名的方法

（一）写实型命名法

又称一般菜品的命名方法，就是菜名直接如实地反映菜肴的原材料、成菜烹调法、菜肴的色香味形、菜肴的原产地或创造人等情况，使人一看菜名就能了解菜肴的概貌及其特点。

1.烹饪方法结合主料定名

这种命名方法最为普遍，使人易记忆和掌握，顾客从菜名中知道菜品的主要用料。此做法重点反映出烹饪方法，对一些烹饪方法有特色的菜品更为适宜。命名时一般烹饪法在前，主料在后，如白切鸡，清蒸鲩鱼、拔丝莲子、清炸赤鳞鱼等。

2.调味品或调味方法结合主料命名

此种命名方法主要是突出菜品的口味或调味品，适用于调味有特色的菜肴。一般在主料前冠以味型或调味品，如糖醋鱼、红油鸡、咖喱鸡块、鱼香肉丝、麻酱腰花、果汁鱼脯等。

3.根据辅料结合主料命名

主要是以菜品所用特殊辅料和主料为依据来命名，特点是明确地表达了菜品的原料构成情况，反映菜品的用料特点，主要适合于辅料有特色口味的菜品，如金钩菜心、海米芽白、松子豆腐、糯米羊肉、韭黄鸡丝等。

4.根据特殊形、色结合主料命名

主要是以菜品某一突出的形态和色彩加上主料命名，多适用于花色菜，菜名要求形象生动、雅致得体、具有一定艺术性。命名时一般要将形、色放在主料前面，例如翡翠虾仁、葫芦鸭子、蝴蝶鱿鱼、双色鱼丸、芙蓉鱼片等。也有个别的菜品名称相反，主料在前，如鸡豆花。

5.主、辅料结合烹饪方法命名

以菜品所用主、辅料和烹调方法相结合进行命名。名称可反映出菜品的原料构成及烹调全貌，使人们对菜品有比较全面的了解，是一种常见的命名方法。命名时一般辅料在前，烹调方法居中，主料在后，例如韭菜炒鸡丝、白果煲老鸭、大葱烧海参、莲子炖鸡等。

6.烹调方法结合原料某方面的特征命名

以菜品的烹调方法和所用原料某一方面的特征相结合进行命名。命名时要突出烹调方法及菜品原料的数量、形态、色泽、性质等方面的特征，做到名副其实，耐人寻味，例如油爆双脆、扒三白、清蒸麒麟鱼。

7.发源地或创始人结合主料命名

以菜品的发源地或创始人与主料结合进行命名。主要适用于一些既有创造性（其发源地或创始人出处明白），又具有较浓的地域或个人色彩的菜品。以产地命名的如大良炒牛奶，而麻婆豆腐、宫保鸡丁等都是以人名命名的。这些菜品大都有其历史沿革或掌故轶闻，并为人们所接受。

8.特殊器皿结合主料命名

以菜品所用的特殊器皿与主料相结合进行命名。这类器皿既可作为盛器，又可作为炊具，具有其特殊性。命名时一般器皿在前，主料在后，也有将器皿放在后面，以容易记忆，读起来顺口为原则。例如砂锅鱼翅、汽锅鸡、铁板虾仁等。

（二）寓意性命名法

一般又称花色艺术菜命名法，是借用文学手段，采取比拟、象征、借代、想象和讽喻的手法为菜肴命名，具有投人所好、寄予深情、引人入胜的特点，不仅悦人耳目，还可吟咏玩味、陶冶性情，此类菜名多用于名贵菜肴。

1.表达祝愿主题

此类命名法利用菜名表达一种美好祝愿，如全家福（炒杂拌）、龙凤呈祥（鸡球炒明虾球）、红运当头（红烧大鱼头）、祝君进步（竹笋炒猪天梯）、鱼跃龙门（姜葱焗鲤鱼），发财多福（发菜豆腐）。

2.表达情趣主题

此类命名法主要利用菜名来传递一种高雅情趣，如雪夜桃花（茄汁虾球）、乌龙吐珠（鸽蛋红扒海参）、游龙戏凤（海参炖鸡）、百鸟归巢（丝状菜造巢形盛放禽类菜肴）、万紫千红（什锦炒火鸭丝）。

3.表达祝寿主题

此类菜名是根据祝寿的主题来设计的，如松鹤延年（象形冷拼）、福如东海（冬菇炖水鱼）、麻姑献寿（寿桃配芝麻香菇）、八仙贺寿（炒八珍）、神龟千岁（灵芝炖乌龟）。

4.表达婚庆主题

此类菜名是根据婚庆的主题来设计的，如鸳鸯戏水（冷拼或汤菜上浮蛋炮制鸳鸯）、百年好合（莲子炖百合）、鱼水合欢（鸡丝烩鱼唇）、桃花好运（核桃夜香花炒鸡丁）。

5.表达欢迎主题

此类菜名意在表达欢迎之情，如孔雀开屏（冷拼）、春色满园（什锦虾仁扒鸡茸菜心）、鹿鸣贺嘉宾（炝里脊丝、烧鸡热拼）。

6.表达送行主题

此类菜名表达送行祝福之意，如一帆风顺（菠萝雕刻船形拼什锦鲜果）、鹏程万里（烧乳鸽配鱼肚、鱼翅、鹌鹑蛋）、竹报平安（鸡球扒竹笋）、满载而归（竹、木船形器皿盛装三色虾仁拼吉利鱼脯）。

7.根据象形会意的菜名

此类菜名是根据菜肴的形状象形会意而设计的，如葡萄鱼（双味鱼丁拼葡萄形）、狮子头（清炖蟹粉大肉丸）、彩碟迎春（冷拼）、金鸡报晓（冷拼）、松子鱼（鱼处理成松果形状，脆熘法制成）和菊花鱼（鱼肉切成菊花花刀，脆熘法制成）。

8.根据同音、谐音寓意的菜名

此类命名法是根据菜肴原料、烹调方法等的同音、谐音来表达美好的寓意，如发财好市（发菜蚝豉），富贵有余（炒麦穗鱿鱼，有余与鱿鱼相谐音），天长地久（鳝鱼烩韭黄，鳝鱼又称长鱼，久与“韭”相谐音），龙凤大会（烩鸡丝蛇肉，回与烩同音），海面扬波（海参鸡皮菠菜，海参代表海，波与菠同音）。

（三）根据历史典故、传说命名

根据历史典故、传说给菜命名，能增添不少文化意蕴，如西施浣纱（上汤氽酿竹笋羹，根据历史典故而制）、佛跳墙（海味，珍禽酒坛煨制菜，名由“坛启荤香飘四邻，佛闻弃禅跳墙来”而来），黄葵伴雪梅（宫廷菜，根据民间故事而制）、鸿门宴会（蟹黄燕窝，根据楚汉相争历史典故制成）、鱼龙变化（双味鱼，根据黄河鲤鱼跳龙门的说法而制）、舌战群儒（榆耳川鸭胲，根据三国故事而制）、三顾隆中（鸡球、虾球、肾球扒白菜胆，根据三国故事而制）。

（四）赋予原料美称而定的菜名

对烹饪原料赋予美称形容其形状或色泽，使原料显得高贵和具有美感。如烹饪中常称鸡为凤，虾或蛇为龙；蟹黄常称牡丹、红粉、珊瑚；狗肉称香肉；鹌鹑蛋、虾仁丸则称龙珠或明珠；肾球称红梅；鱼肚称棉花。根据以上原料制作的菜肴有龙虎斗（烩蛇肉猫肉）、花开并蒂（汤泡肚球，肾球）、炝虎尾（炝鳝鱼尾）、百鸟朝凤（煨全鸟拼凤尾虾造型的小鸟）、凤穿牡丹（蟹黄扒鸡球）等。

本章小结

中国烹饪所应用的原料，概分为家禽类、家畜类、畜禽制品、水产类、干货制品、蔬菜类等，总数在万种以上，数量之多，居世界烹饪之首。对于烹饪技术而言，中国烹饪的发展过程，是一个累积发展过程，这里面，不仅有烹饪工艺技术的丰富积淀，也含有深刻的理论认识。而中国菜肴的命名艺术，更是为中国饮食文化增加了绚丽的色彩。

思考与练习

一、基本训练

（一）概念题

1.新潮原料

2.特菜

3.菜品命名

（二）选择题

1.下列烹饪方法中，属特殊烹饪方法的是（　　）。

A.卤　　B.炒　　C.拌　　D.干锅

2.下列菜名中，表示欢迎主题的菜名是（　　），表示祝愿主题的菜名是（　　）。

A.全家福(炒杂拌)　B.百年好合(莲子炖百合)
C.孔雀开屏(冷拼)　D.发财好市(发菜蚝豉)
3.下列属于家禽烹饪原料的是(　　)。
A.鸡　B.鸭　C.猪　D.鱼
(三)简答题
1.中国菜肴冷菜烹饪方法有哪些?
2.什么是新潮原料?
3.菜品命名的基本原则是什么?
(四)问答题
1.为什么菜品要命名?
2.中国菜肴特殊烹调技术有哪些?

二、理论与实践

(一)分析题
1.新潮原料与一般原料有什么不同?各有什么优缺点?
2.菜品命名的基本方法有哪些?举例说明。
(二)实训题
根据菜品命名的原则,结合寓意性命名法,命名十个表示欢迎主题的菜名。

第四章　中国茶酒文化

课前导读

茶起源于我国古代，后传播于世界，中国是茶的故乡。酒是一种含乙醇的饮料，是一种最广泛的饮料。那么中国茶起源于何时？有什么样的品种？名茶有哪些？中国有哪些名酒，它们各有什么特点？都是本章所要讲述的内容。

学习目标

- 了解中国茶的历史
- 了解中国酒的起源
- 掌握中国名茶及其特点
- 掌握茶人的礼仪规范
- 掌握中国名酒及其特点

第一节　中国茶文化

一、茶的起源

茶起源于我国古代，中国是最早发现和利用茶树的国家，被称为茶的故乡。文字记载表明，我们祖先在3000多年前已经开始栽培和利用茶树。我国第一部诗歌总集《诗经》中已有“茶”的记载，“采茶薪樗，食我农夫”“谁为茶苦，其甘如荠”。从晏子《春秋》等古籍考知，“茶”“木贾”“茗”都是指茶。唐代陆羽所著《茶经》为世界上第一部有关茶叶的专著，陆羽因此被人们推崇为研究茶叶的始祖。然而，同任何物种的起源一样，茶的起源和存在，必然是在人类发现茶树和利用茶树之前，直到相隔很久很久以后，才为人们发现和利用。人类的用茶经验，也是经过代代相传,从局部地区慢慢扩大开了,又隔了很久很久,才逐渐见诸文字记载。茶树的起源问题,历来争论较多,随着考证技术的发展和新发现才逐渐达成共识,即中国是茶树的原产地,并确认中国西南地区,包括云南、贵州、四川是茶树原产地的中心。由于地质变迁及人为栽培,茶树开始由此普及全国,并逐渐传播至世界各地。我国的茶叶产区辽阔,主产区有浙江、安徽、湖南、四川、云南、福建、湖北、江西、贵州、广东、广西、江苏、陕西、河南、台湾等十多个省。世界上主要的产茶国除我国以外还有印度、斯里兰卡、印度尼西亚、巴基斯坦、日本等。它们引种的茶树、茶树栽培的方法、茶叶加工的工艺和人们饮茶的习惯都是直接或间接地由我国传播去的。茶是中华民族的骄傲。

二、茶的传播

中国是茶树的原产地,然而,中国在茶业上对人类的贡献,主要在于最早发现并利用茶这种植物,并把它发展成为我国和东方乃至整个世界的一种灿烂独特的茶文化。

中国茶业,最初兴于巴蜀,其后向东部和南部逐次传播开来,以至遍及全国。到了唐代,又传至日本和朝鲜,16 世纪后被西方引进。所以,茶的传播史,分为国内及国外两条线。宋朝的茶区,基本上已与现代茶区范围相符。明清以后,只是茶叶制法和各茶类兴衰的演变问题了。

中国茶叶、茶树、饮茶风俗及制茶技术,是随着中外文化交流和商业贸易的开展而传向全世界的。最早传入日本、朝鲜,其后由南方海路传至印度尼西亚、印度、斯里兰卡等国家,16 世纪至欧洲各国并进而传到美洲大陆,又由北方传入波斯、俄国。

唐代中叶,中国茶种被带到日本种植,茶树开始向世界传播。据文献记载,公元 805 年,日本高僧最澄,从天台山国清寺师满回国时,带去茶种,种植于日本近江。这是中国茶种向外传播的最早记载。后又经日僧南浦昭明在径山寺学得径山茶宴、斗茶等饮茶习俗,并带回日本,在此基础上逐渐形成了日本自己的茶道。印度是红碎茶生产和出口最多的国家,其茶种源于中国。印度虽也有野生茶树,但是印度人不知种茶和饮茶,直到 1780 年,英国和荷兰人才开始从中国输入茶种在印度种茶。现今,最有名的红碎茶产地阿萨姆,即是 1835 年由中国引进茶种开始种茶的。中国专家曾前往指导种茶制茶方法,其中包括小种红茶的生产技术。后发明了切茶机,红碎茶才开始出现,成了全球性的大宗饮料。

西方各国语言种“茶”一词,大多源于当时海上贸易港口福建、厦门及广东方言中“茶”的读音。可以说,中国给了世界茶的名字,茶的知识、茶的栽培加工技术、世界各国的茶叶,直接或间接与我国茶叶有千丝万缕的联系。

三、茶叶的种类

茶叶按其加工制造方法和品质特色通常可分为红茶、绿茶、白茶、黄茶、黑茶、乌龙茶、花茶等。

(一)红茶

红茶是一种全发酵茶,茶叶色泽乌黑,水色叶底红亮,有浓郁的水果香气和醇厚的滋味。它既可单独冲饮,也可加牛奶、糖等调饮。名贵红茶品种有祁红、滇红、英红、川红、苏红等。

(二)绿茶

绿茶是不发酵的茶叶,鲜茶叶通过高温杀青可以保持鲜叶原有的鲜绿色,冲泡后茶色碧绿清澈,香气清新芬芳,品味清香鲜醇。著名品种有西湖龙井、太湖碧螺春、黄山玉峰、庐山云雾等。

(三)白茶

白茶是不发酵的茶叶,白茶茸毛多,色白如银,汤色素雅,初泡无色,毫香明显。著名品种有白毫银针、白牡丹等。

(四)黄茶

黄茶是人们从炒青绿茶中发现,由于杀青、揉捻后干燥不足或不及时,叶色即变黄,于是产生了新的品类——黄茶。黄茶的制作与绿茶有相似之处,不同点是多一道焖堆工序。著名品种有湖南的君山银针、蒙顶黄芽等。

(五)黑茶

黑茶属于后发酵茶,是我国特有的茶类,距今已有四百余年历史,以制成紧压茶为主。黑茶采用较粗老的原料,经过杀青、揉捻、渥堆、干燥四个初制工序加工而成。由于原料粗老,黑茶加工制造过程中一般堆积发酵时间较长,因此叶色多呈暗褐色,故称黑茶。著名品种有云南普洱茶等。

(六)乌龙茶

乌龙茶是半发酵茶叶,又称青茶。叶片的中心为绿色,边缘为红色,故又称“绿叶红镶边”。乌龙茶以福建武夷岩茶为珍品,其次是铁观音、水仙。

(七)花茶

花茶又名片香,是以茉莉、珠兰、桂花、菊花等鲜花经干燥处理后,与不同种类的茶胚拌和窨制而成的再生茶。花茶使鲜花与嫩茶融在一起,相得益彰,香气扑鼻,回味无穷。

四、茶艺

（一）茶具

茶具以瓷器最多。瓷器茶具传热不快，保温适中，对茶不会发生化学反应，沏茶能获得较好的色香味，而且造型美观、装饰精巧，具有一定的艺术欣赏价值。

玻璃茶具质地透明，晶莹光泽，形态各异，用途广泛。玻璃茶具冲泡茶，茶汤的鲜艳色泽，茶叶的细嫩翠软，茶叶在整个冲泡过程中的上下流动，叶片的逐渐舒展等，一览无余，可说是一种动态的艺术欣赏。

陶器茶具中最好的当属紫砂茶具，它的造型雅致、色泽古朴，用来沏茶，香味醇和，汤色澄清，保温性能好，即使夏天茶汤也不易变质。

茶具种类繁多，各具特色，在冲茶要根据茶的种类和饮茶习惯来选用。

1.茶壶

茶壶是茶具的主体，以不上釉的陶制品为上，瓷和玻璃次之。陶器上有许多肉眼看不见的细小气孔，不但能透气，还能吸收茶香，每回泡茶时，能将平日吸收的精华散发出来，更添香气。新壶常有土腥味，使用前宜先在壶中装满水，放到装有冷水的锅里用文火煮，等锅中水沸腾后将茶叶放到锅中，与壶一起煮半小时即可去味；另一种方法是在壶中泡浓茶，放一两天再倒掉，反复两三次后，用棉布擦干净。

2.茶杯

茶杯有两种，一是闻香杯，二是饮用杯。闻香杯较瘦高，是用来品闻茶汤香气用的。闻香完毕后，再倒入饮用杯。饮用杯宜浅不宜深，让饮茶者不需仰头即可将茶饮尽。茶杯内部以素瓷为宜，浅色的杯底可以让饮用者清楚地判断茶汤色泽。大多数茶可用瓷壶泡、瓷杯饮。乌龙茶多用紫砂茶具。功夫红茶和红碎茶，一般用瓷壶或紫砂壶冲泡，然后倒入杯中饮用。

3.茶盘

放茶杯用。奉茶时用茶盘端出，让客人有被重视的感觉。

4.茶托

茶托放置在茶杯底下，每个茶杯配有一个茶托。

5.茶船

茶船为装盛茶杯和茶壶的器皿，其主要功能是用来烫杯、烫壶，使其保持适当的温度。此外，它也可防止冲水时将水溅到桌上。

6.茶巾

茶巾用来吸茶壶与茶杯外的水滴和茶水。另外，将茶壶从茶船上提取倒茶时，先要将壶底在茶巾上蘸一下，以吸干壶底水分，避免将壶底水滴滴落到客人身上或桌面上。

（二）茶叶用量

茶叶用量是指每杯或每壶放适当分量的茶叶。茶叶用量的多少，关键是掌握茶与水的比例，一般要求茶与水的比例为 1∶50 或 1∶60，即每杯放 3 克干茶加沸水 150~180 毫升。乌龙茶的茶叶用量为壶容积的 1/2 以上。

（三）泡茶用水

泡茶用水要求水质甘而洁、活而清鲜，一般都用天然水。在天然水中，泉水比较清澈，杂质少、透明度高、污染少，质洁味甘，用来泡茶最为适宜。

在选择泡茶用水时，我们必须掌握水的硬度与茶汤品质的关系。当水的 pH 值大于 5 时，汤色加深；pH 值达到 7 时，茶黄素就倾向于自动氧化而损失。硬水中含有较多的钙、镁离子和矿物质，茶叶有效成分的溶解度低，茶味淡。软水有利于茶叶中有效成分的溶解，茶味浓。泡茶用水应选择软水，这样冲泡出来的茶才会汤色清澈明亮，香气高雅馥郁，滋味纯正。

（四）泡茶水温

泡茶水温的掌握，主要根据泡饮什么茶而定。高级绿茶，特别是细嫩的名茶，茶叶越嫩、越绿，冲泡水温越低，一般以 80℃左右为宜。这时泡出的茶嫩绿、明亮、滋味鲜美。泡饮各种花茶、红茶和普通的绿茶，则要用 95℃的沸水冲泡。水温太低，则渗透性差，茶味淡薄。

泡饮乌龙茶，每次用茶量较多，而且茶叶粗老，必须用 100℃的沸水冲泡。有时为了保持及提高水温，还要在冲泡前用开水烫热茶具，冲泡后还要在壶外淋热水。

泡茶烧水，不要文火慢煮，要大火急沸，以刚煮沸起泡为宜。用这样的水泡茶，茶汤香、味道佳。一般情况下，泡茶水温与茶叶中有效物质在水中的溶解度成正比，水温越高，溶解度越大，茶汤就越浓。

（五）冲泡时间

红茶、绿茶将茶叶放入杯中后，先倒入少量开水，以浸没茶叶为度，加盖 3 分钟左右，再加开水到七八成满，便可趁热饮用。当喝到杯中尚余 1/3 左右茶汤时，再加开水，这样可使前后茶的浓度比较均匀。

一般茶叶泡第一次时，其可溶性物质能浸出 50%~55%；泡第二次，能溶出 30%左右；泡第三次能浸出 10%左右；泡第四次就所剩无几了，所以通常以冲泡三次为宜。乌龙茶宜用小型紫砂壶。在用茶量较多的情况下，第一泡 1 分钟就要倒出，第二泡 1 分 15 秒，第三泡 1 分 40 秒，第四泡 2 分 15 秒。这样前后茶汤浓度才会比较均匀。

另外，泡茶水温的高低和用茶叶数量的多少，直接影响泡茶时间的长短。水温低、茶叶少，冲泡时间宜长；水温高、茶叶少，冲泡时间宜短。

（六）冲泡方法

不同的茶类有不同的冲泡方法和程序。在众多的茶叶中，每种茶的特点不同，或重香，或重味，或重形，或重色，或兼而有之，这就要求泡茶有不同的侧重点，并采取相应的方法，以发挥茶叶本身的特点。

1.绿茶冲泡法

备具：根据品饮人数准备好茶杯碗、茶罐、茶则、茶匙、赏茶盘、茶巾以及烧水壶。

赏茶：倾斜旋转茶罐，将茶叶倒入茶则。用茶匙把茶则中的茶叶拨入赏茶盘，欣赏干茶成色、嫩匀度，嗅闻干茶香气。

温杯：用开水将茶杯烫洗一遍，提高杯温。在冬天，这个步骤尤其重要，利于茶叶冲泡。

置茶：冲泡绿茶的茶杯一般容量为150毫升，用茶量在3克左右。用茶匙将茶叶从茶盘或茶则中均匀拨入各个茶杯内。

浸润泡：提壶将水沿杯壁冲入杯中，水量为杯容量的1/4或1/3，使茶叶吸水舒展，便于茶汁析出，约30秒后开始冲泡。

冲泡：分三次冲水入杯内，至总容量的七成左右，使杯内茶叶上下翻动，杯中上下茶汤浓度均匀。冲泡过程中，要求水壶高悬，使水流有冲击力，并有曲线的美感。

奉茶：冲泡后尽快将茶递给品饮者，以便不失时机闻香品尝。为避免茶叶过长浸泡在水中失去应有风味，在第二、第三泡时，可将茶汤倒入公道杯中，再将茶汤低斟入品茶杯中。

品饮：一般是先闻香，再观色、啜饮。饮一小口，让茶汤在嘴内回荡，与味蕾充分接触，然后徐徐咽下，用舌尖抵住齿根并吸气，回味茶的甘甜。

2.红茶冲泡法

高水温冲泡。忌长时间浸泡，否则苦涩味重。如冲法得宜，则茶汤鲜红，茶味清香、醇厚。红茶宜用瓷制茶具冲泡。

茶量：置放相对于茶壶1/5的茶量。

冲泡水温：90~100℃；

冲泡时间：10~30秒。

冲泡次数：约五次。

3.白茶冲泡法

白茶适宜用95℃开水冲泡，切勿加盖，至三分钟后，观白茶舒展，还原呈玉白色，叶片莹薄透明，叶脉翠绿色，叶底完整均匀、成朵，似片片翡翠起舞，颗颗白玉卧底，汤色嫩绿明亮，此时白茶的独特性状达到至纯至美。

4.黑茶冲泡法

以普洱茶为例来说明黑茶的冲泡方法。

器具：紫砂壶、盖碗杯、土陶瓷提梁壶等

茶量：茶水比例为1∶50。

冲泡水温：100℃沸水。

用水：纯水或山泉水（软水为佳），煮水时不宜过度沸腾，否则水中的氧气过少会影响茶叶的活性。

冲泡时间：视茶叶的情况而不同。一般紧压茶可以稍短些，散茶可以稍长些；投茶量多可以稍短些，投茶量少可以稍长些；刚开始泡可以稍短些，泡久了可以稍长些。

5.黄茶冲泡法

黄茶属轻发酵芽茶类，性质和绿茶比较接近，冲泡方式也相近。因品质不同，冲泡后形态各异，有的芽条挺立上下交错，有的叶托绿芽，宛如花蕾。冲泡黄茶，尤其是冲泡“君山银针”时，要使用玻璃杯，这样可以在冲泡过程中，透过玻璃杯看到茶叶妙趣横生的变化。

6.花茶冲泡法

花茶融茶味之美、鲜花之香于一体，茶味与花香巧妙地融合，构成茶汤适口、芬芳的韵味，两者珠联璧合，相得益彰。花茶宜于清饮，不加奶、糖，以保持天然香味。花茶的冲泡方法，以能维护香气不致无效散失和显示茶胚特质美为原则。用瓷制小茶壶或瓷制盖杯泡茶，用以独啜；待客则用较大茶壶，冲以沸水，三五分钟后饮用，可续泡一两次。

7.乌龙茶冲泡法

备具：饮茶时，先备好茶具。即泡茶前用沸水把茶壶、茶盘、茶杯等淋洗一遍，使茶具保持清洁和相当的热度。

整形：将乌龙茶按需倒入白纸，轻轻抖动，将茶叶粗细上下分开，并用竹匙将粗茶和细末分别堆开。

置茶：通常将碎末茶先填入壶底，其上再覆以粗条，以免茶叶冲泡后，碎末填塞茶壶内口，阻碍茶汤的顺畅流出。

冲茶：冲茶时，盛水壶需在较高的位置循边缘不断地缓缓冲入茶壶，使壶中茶叶打滚，形成圈子，称为“高冲”。

洗茶：冲茶时，冲入的沸水要求溢出壶口，再用壶盖轻轻刮去浮在茶汤表面的碎末；也有将茶冲泡后，立即将水倒去，称为“洗茶”，把茶叶表面尘污洗去，并使茶之真味得以保存。

洗盏：刮末后，立即加上壶盖，其上再淋一下沸水，称为“内外夹”。

斟茶：待壶中之水静置2~3分钟后，茶之精美真味已泡出来了，这时用拇指、食指和中指操作，食指轻压壶盖的钮，中指和拇指紧夹壶的把手。斟茶时，注汤不宜高冲，需低斟入杯。茶汤要轮流注入几个杯中，每杯先注一半，再来回倾入，周而复始，渐至八分满时为至，称为“关公巡城”。若一壶之水正好斟完，就是“恰到好处”。讲究的还将最后几点浓茶，分别注入各杯，称为“韩信点兵”。

品饮：品茶时，一般用右手食指和拇指夹住茶杯杯沿，中指抵住杯底，先看汤色，再闻其香，而后啜饮。如此品茶，不但满口生香，而且韵味十足，才能真正领会品乌龙茶的妙处。

乌龙茶因冲泡时壶小，茶的用量大，加之乌龙茶本身亦较耐泡，因此，一般可冲泡3~4次，好的乌龙茶也有泡6~7次的，这也是乌龙茶的特点即“七泡有余香”。

五、茶人的礼仪

礼仪应当始终贯穿于整个茶道活动中。

（一）鞠躬礼

茶道表演开始前和结束后，要行鞠躬礼。

鞠躬以站姿为预备，上半身由腰部起前倾，头、背与腿呈近150°的弓形略作停顿，表示对对方真诚的敬意，然后慢慢起身。鞠躬要与呼吸相配合，弯腰下倾时吐气，身直起时吸气。行礼的速度要尽量与别人保持一致。

（二）伸掌礼

伸掌礼是茶艺过程中用得最多的示意礼。

主人向客人敬奉各种物品时都用此礼，表示的意思为“请”和“谢谢”。当两人相对时，可伸右手掌对答表示；若侧对时，右侧方伸右掌，左侧方伸左掌表示对答。伸掌姿势是：四指并拢，大指内收，手掌略向内凹，倾斜之掌伸于敬奉的物品旁，同时欠身点头，动作要协调统一。

（三）寓意礼

茶道活动中，自古以来在民间逐步形成了不少带有寓意的礼节。

凤凰三点头：寓意是向客人三鞠躬以示欢迎。

茶壶放置时壶嘴不能正对客人，否则表示请客人离开。

斟水、斟茶、烫壶等动作，右手必须逆时针方向回转，左手则以顺时针方向回转，表示招手“来！来！来”的意思，否则表示挥手“去！去！去”的意思。茶具的图案面向客人表示对客人的尊重。

六、中国名茶

（一）西湖龙井

西湖龙井，简称龙井，产于浙江省杭州市西湖西南龙井村四周的山区。茶园西北有白云山和天竺山为屏障，阻挡冬季寒风的侵袭，东南有九溪十八河，河谷深广。在春茶吐芽时节，这一地区常细雨蒙蒙，云雾缭绕，山坡溪间之间的茶园，常以云雾为伴，独享雨露滋润。《四时幽赏录》有“西湖之泉，以虎跑为最，两山之茶，以龙井为佳”的记载。历史上因产地和炒制技术的不同有狮（狮峰）、龙（龙井）、云（五云山）、虎（虎跑）、梅（梅家坞）等字号之别，其中以“狮峰龙井”为最佳。龙井茶现在分为 11 级，即特级、1 至 10 级，春茶在 4 月初至 5 月中旬采摘，全年中以春茶品质最好，特级和 1 级龙井茶多为春茶期采制，产量约占全年产量的 50%。

（二）信阳毛尖

信阳毛尖是我国著名的绿茶之一，亦称“豫毛峰”，产于河南信阳西南山一带。历史上信阳毛尖以五云（车云、集云、云雾、天云、连云）、一寨（何家寨）、一寺（灵山寺）等名山头的茶叶最为驰名。信阳毛尖在清代已被列为贡茶。信阳毛尖分特级、1 至 5 级，共 6 等。谷雨前的称“雪芽”，谷雨后的称“翠峰”，再后的称“翠绿”。

（三）黄山毛峰

黄山毛峰属绿茶类，产于素以奇峰、劲松、云海、怪石四绝而闻名于世的安徽黄山市黄山风景区和毗邻的汤口、充川、岗村、芳村、杨村、长潭一带。这里气候温和，雨量充沛，山高谷深，丛林密布，云雾迷漫，湿度大。茶树多生长在高山坡上，山坞深谷之中，四周树林遮阳，溪涧纵横滋润，土层深厚，质地疏松，透水性好，保水力强，含有丰富的有机物，适宜茶树生长。黄山毛峰分特级、1 至 3 级。特级黄山毛峰又分为上、中、下三等。特级黄山毛峰堪称中国毛峰茶之极品，形似雀舌，匀齐壮实，峰显毫露。其中“鱼叶金黄”和“色如象芽”是特级黄山毛峰外形与其他毛峰的显著区别。

（四）太湖碧螺春

碧螺春为绿茶中珍品，历史悠久，清代康熙年间已成为宫廷贡茶。

碧螺春产于江苏省太湖附近，茶区气候温和，土质疏松肥沃。茶树与枇杷、杨梅、柑橘等果树相间种植。果树既可为茶树挡风雨、遮骄阳，又能使茶树、果树根脉相连，枝叶相袭，茶吸果香，花熏茶味，因此而形成了碧螺春独特的风味。

碧螺春茶极其细嫩，一公斤茶有茶芽 13 万个左右。“铜丝条、螺旋形、浑身毛、花香果味、鲜爽生津”是碧螺春茶的真实写照。

（五）祁门红茶

祁门红茶是红茶中的佼佼者，产于黄山西南的安徽省祁门、东至、贵池、石台等地。产品以祁门的利口、闪里、平里一带最优,故统称“祁红”。茶园多分布于山坡与丘陵地带,那里峰峦起伏,山势陡峻,林木丰茂,气候温和,无酷暑严寒,空气湿润,雨量充沛,土质肥厚、结构疏松、透水透气及保水性强,酸度适中,特别是春夏季节,雨雾弥漫,光照适度,非常适合茶树生长。祁门红茶分1至7级。

祁门红茶加入牛奶、糖调饮也非常可口,汤茶呈粉红色,香味不减,含有多种营养成分。

(六)安溪铁观音

安溪铁观音,属乌龙茶之极品,有200余年历史,产于福建省安溪县。茶区群山环抱,峰峦绵延,常年云雾弥漫,属亚热带季风气候,土壤大部分为酸性红壤,土层深厚,有机化合物含量丰富。

铁观音茶香馥郁持久,味醇韵厚爽口,齿颊留香回甘,具有独特的香味。茶叶质厚坚实,有“沉重似铁”之喻。干茶外形枝叶连理,圆结成球状,色泽“沙绿翠润”,有“青蒂绿腹、红镶边、三节色”之称。汤色金黄鲜亮,以小壶泡饮功夫茶,香高味厚,耐泡。

(七)白毫银针

白毫银针简称白毫,又称银针,因单芽遍披白毫,色如白银,纤细如银针,所以得此高雅之名。白毫银针产于福建省福鼎市,福鼎地处中亚热带,境内丘陵起伏,常年气候温和湿润,土质肥沃。

清嘉庆元年(1796年)福鼎县用当地有性群体茶树——菜茶壮芽创制,1885年改用选育的“福鼎大白茶”品种。1889年政和县开始选育“政和大白茶”品种壮芽制银针,以春茶头一、二轮顶芽为原料,取嫩梢一芽一叶,将真叶与鱼叶轻轻剥离,将茶芽均匀摊在水筛上晒晾至八九成干,再以焙笼文火焙干,筛拣去杂制成,趁热装箱。

福鼎银针色白,富光泽,汤色浅杏黄,味清鲜爽口。政和银针汤味醇厚,香气清新。

(八)君山银针

君山银针为黄茶类珍品,产于湖南省岳阳市洞庭湖君山岛。从古至今,君山银针以其色、香、味、奇称绝,闻名遐迩,饮誉中外。总面积不到1平方千米的君山岛,土质肥沃,气候温和,温度适宜。茶树遍布楼台亭阁之间。君山产茶历史悠久,古时君山茶年产仅1000克左右。“君不可一日无茶”的乾隆下江南时,品尝君山茶后,即下旨年贡9千克,君山银针的产量才有所增加,但现在年产也只有300千克。

君山银针香气清高,味醇甘爽,汤黄澄亮,芽壮多毫,条直匀齐,着淡黄色茸毫。

(九)云南普洱茶

普洱茶为黑茶的代表,主要产于云南。普洱茶的历史十分悠久,早在唐代就有贸易往来。

普洱茶香气高锐持久，带有云南大叶茶种特性的独特香味，滋味浓强富于刺激性，耐泡，经五六次冲泡仍持有香味。汤橙黄浓厚，芽壮叶厚，叶色黄绿间有红斑红茎叶，条形粗壮结实，白毫密布。茶汤入口，稍停片刻，细细感受茶的醇度，滚动舌头，使茶汤游过口腔中的每一个部位，浸润所有的味蕾（不同部位的味蕾感觉出的茶汤的滋味通常是不相同的），体会普洱茶的润滑和甘厚。

普洱茶有生茶和熟茶之分。

生茶即青饼，也可以俗称生饼，是比较传统的加工工艺制成的。当年的茶叶直接压制成饼，不经过人工发酵，靠时间和岁月的流逝，自然发酵。生茶茶性较烈、刺激，新制或陈放不久的生茶有强烈的苦味、涩味，汤色较浅或黄绿。生茶适合长久储藏，年复一年看着生普洱叶子颜色渐渐变深，香味越来越醇厚，一般 5 到 10 年的茶才好喝。汤色呈金黄色，比较透亮，生饼霸气十足，起到刮油的功效，不建议餐前饮用。

熟茶是熟饼经过卧堆，并适度人工发酵而成的，可以直接饮用，茶饼呈深黑色，汤色呈红褐色，较红亮。如果你有块质量上乘的熟普，也是值得珍藏的，熟普的香味也仍会随着陈化的时间而变得越来越柔顺，浓郁。

知识拓展

云南普洱茶的鉴赏

一、看外观

看外观，首先看茶叶的条形，条形是否完整，叶老或嫩，老叶较大，嫩叶较细；嗅干茶气味兼看干茶色泽和净度，优质的云南普洱散茶的干茶陈香显露（有的会含有菌子干香、中药香、干桂圆香、干霉香、樟香等），无异、杂味，色泽棕褐或褐红（猪肝色），具油润光泽，褐中泛红（俗称红熟），条索肥壮，断碎茶少；质次的则稍有陈香或只有陈气，甚至带酸馊味或其他杂味，条索细紧不完整，色泽黑褐、枯暗无光泽。

二、看汤色

主要看汤色的深浅、明亮。优质的云南普洱散茶，泡出的茶汤红浓明亮，具“金圈”，汤上面看起来有油珠形的膜。质次的，茶汤红而不浓，欠明亮，往往还会有尘埃状物质悬浮其中，有的甚至发黑、发乌，俗称“酱油汤”。

三、闻气味

主要采取热嗅和冷嗅，热嗅看香气的纯异，冷嗅看香气的持久性。优质的热嗅陈香显著浓郁，且纯正，“气感”较强，冷嗅陈香悠长，是一种甘爽的味道。质次的则有陈香，但夹杂酸、馊味、铁锈水味或其他杂味，也有的是“臭霉味”。

四、品滋味

主要是从滑口感、回甘感和润喉感来感觉。优质的滋味浓醇、滑口、润喉、回甘，舌根生津；质次的则滋味平淡，不滑口，不回甘，舌根两侧感觉不适，甚至产生“涩麻”感。

五、看叶底

主要是看叶底色泽、叶质，看泡出来的叶底完不完整，是不是还维持柔软度。优质的色泽褐红、匀亮，花杂少，叶张完整，叶质柔软，不腐败，不硬化；质次的则色泽发暗，发乌欠亮，花杂多，或叶质腐败、硬化。

（十）四川蒙顶茶

蒙顶茶又称蒙顶甘露茶，产于四川蒙山。蒙顶茶主要生长在四川雅安市名山县蒙山之顶，故名“蒙顶茶”。蒙山位于邛崃山脉之中，东有峨眉山，南有大相岭，西靠夹金山，北临成都盆地，青衣江从山脚下流过。蒙山山势巍峨，绝壑飞瀑，林木苍翠，阴云弥漫，蔽日遮月。山上低温而多云雨雾气。每年初春，烟雨蒙蒙不断，雨季达 9 个月，年降水量约 2200 毫米。这种独特的自然环境是茶树生长的理想之地。

蒙山种茶历史悠久，据有关史料记载，早在西汉时一位名叫吴理真的农民“携灵茗之种，植于五峰之中，高不盈尺，不生不灭，迥异寻常”，“其叶细长，网脉对分，味甘而清，色黄而碧”，故名“仙茶”。唐代元和年间，蒙山顶五峰被辟为“皇茶园”，蒙顶茶被列为贡茶，奉献皇室享用。每年“清明”前，由名山县令择吉日沐浴礼拜，身穿朝服，率领僚属，请山上寺院主持焚香拜采茶叶 365 片，炒制时还需众僧人围绕诵经。茶制成后，盛入两只银瓶内，入贡京城，供皇帝祀祖之用。另外，又在蒙山菱角峰下采摘被称为“凡种”的茶叶精制成茶，贮于 18 只锡瓶，陪贡入京，称之为“陪茶”“凡茶”，供帝王宫内饮用。这种贡茶礼仪，自唐代中期开始，至清末停供，1000 多年来代代如此。

蒙顶茶品种较多，按大类分有散茶和成型茶。散茶有雷鸣、雀舌、白毫等；成型茶有龙团、凤饼等。现在，蒙顶茶名茶种类有甘露、黄芽、石茶、玉叶长春、万春银针等。其中甘露在蒙顶茶中品质最佳。其形状纤细，叶整芽全，身披银毫，色绿微黄。冲泡后汤色绿黄，透明清亮，饮之清香爽口，沏二遍水时，越发鲜醇，齿颊留香。

蒙顶茶香气清高持久，滋味醇厚鲜爽，条形细紧显毫，色泽碧绿光润；茶汤清亮，深泛绿、浅含黄，茶叶条条伸展开来，一芽一叶清晰可见，具有高山茶的独特风格。茶以紧卷多毫、色泽翠绿、鲜嫩油润、香气清雅、味醇回甘而扬名中外。

蒙顶茶之所以名贵，除了独特的自然条件外，便是采摘和加工精细。蒙顶甘露一般在“清明”前后 5 天采摘，要求采一芽一叶初展的嫩尖；制茶时，需经过杀青、初揉、炒二青、二揉、炒三青、三揉、炒形、烘干等工序精制而成。

知识拓展

世界各地茶文化

泰国人喝冰茶

在泰国,当地茶客不喝热茶,喝热茶的通常是外来的客人。泰国人喜爱在茶水里加冰,这样茶很快就冰凉了。在气候炎热的泰国,饮用冰茶可以使人倍感凉快、舒适。

印度人喝奶茶

印度人喝茶时要在茶叶中加入牛奶、姜和豆蔻,这样泡出的茶味与众不同。他们喝茶的方式也十分奇特,把茶斟在盘子里啜饮,可谓别具一格。

斯里兰卡人喝浓茶

斯里兰卡的居民酷爱喝浓茶,茶叶又苦又涩,他们却觉得津津有味。斯里兰卡的红茶畅销世界各地,在首都科伦坡有经销茶叶的大商行,设有试茶部,由专家凭舌试味,再核定等级和价格。

蒙古人喝砖茶

蒙古人喜爱喝砖茶。他们把砖茶放在木臼中捣成粉末,加水放在锅中煮开,然后加上一些牛奶或羊奶。

埃及人喝甜茶

埃及人喜欢喝甜茶。他们招待客人时,常端上一杯热茶,里面放人许多白糖,只喝两三杯这种甜茶,嘴里就会感到黏糊糊的,连饭也不想吃了。同时,他们还会送来一杯供稀释茶水用的凉水,表示对客人的尊敬。

北非人喝薄荷茶

北非人喝茶,喜欢在绿茶里加几片新鲜的薄荷叶和一些冰糖,清香醇厚,又甜又凉。有客来访,主人连敬三杯,客人须将茶喝完才算礼貌。

马里人吃肉喝茶

马里人喜爱饭后喝茶。他们把茶叶和水放入茶壶里,然后炖在泥炉上煮开。茶煮沸后加入糖,每人斟一杯。他们的煮茶方法不同于一般:每天起床,就以锡罐烧水,投入茶叶和腌肉,任其煎煮,直到同时煮的腌肉熟了,再边吃肉边喝茶。

英国人喝红茶

英国各阶层人士都喜爱喝茶,茶几乎可称为英国的民族饮料。英国人喜爱红茶,现煮的浓茶,加一两块糖及少许冷牛奶,还常在茶里掺入橘子、玫瑰等辅料,据说这样可减少容易伤胃的茶碱,更能发挥茶的保健作用。

俄罗斯人喝花样茶

俄罗斯人先在茶壶里泡上浓浓的一壶红茶。喝时倒少许在茶杯里,然后冲上开水,根据自己的习惯调成浓淡不一的味道。俄罗斯人泡茶,每杯常加柠檬一片,也有用果酱替代柠檬的。在冬季则有时加入甜酒,预防感冒。

加拿大人喝乳酪茶

加拿大人泡茶方法较特别,先将陶壶烫热,放入一茶匙茶叶,然后以沸水注于其上,浸七八分钟,再将茶叶倒入另一热壶供饮用,通常还加入乳酪与糖。

南美洲人喝马黛茶

在南美洲许多国家,人们把茶叶和当地的马黛树叶混合在一起饮用,既提神又助消化。喝茶时,先把茶叶放入茶杯中,冲入开水,再用一根细长的吸管插入到大茶杯里吸吮,慢慢品味。

新西兰人喝茶最享受

新西兰人把喝茶作为人生最大的享受之一,许多机关、学校、厂矿等还特别订出饮茶时间,各乡镇茶叶店和茶馆比比皆是。

第二节　中国酒文化

一、酒的起源

酒是人们熟悉的一种用粮食、水果等含淀粉或糖的物质,经过发酵制成的含有乙醇(ethyl alcohol)的饮品。

在古代,往往将酿酒的起源归于某某人的发明,把这些人说成是酿酒的祖宗,由于影响非常大,以至成了正统的观点。对于这些观点,宋代《酒谱》曾提出过质疑,认为“皆不足以考据,而多其赘说也”。这虽然不足以考据,但作为一种文化认同现象,主要有以下几种传说:一是仪狄酿酒说;二是杜康(亦为夏朝时代的人)酿酒说;三是猿猴造酒说;还有一种传说则表明在黄帝时代人们就已开始酿酒。这些传说尽管各不相同,但大致说明酿酒早在夏朝或者夏朝以前就存在了,这一点已被考古学家所证实。夏朝距今4000多年,而目前已经出土距今5000多年的酿酒器具。这一发现表明,我国酿酒起码在5000年前已经开始,而酿酒之起源当然还在此之前。在远古时代,人们可能先接触到某些天然发酵的酒,然后加以仿制。这个过程可能需要一个相当长的时期。

二、酒的分类

(一)按酒的特点分类

按酒的特点可将酒分为白酒、黄酒、啤酒、果露酒、仿洋酒。

白酒是以谷物或其他含有丰富淀粉的农副产品为原料,以酒曲为糖化发酵剂,以特殊的蒸馏器为酿造工具,经发酵蒸馏而成。白酒的度数一般在30°以上,无色透明,质地纯净,醇香甘美。

黄酒又称压榨酒,主要是以糯米和黍米为原料,通过特定的加工酿造过程,利用酒药曲(红曲、麦曲)浆水中的多种霉菌、酵母菌、细菌等微生物的共同作用而酿成的一种低度原汁酒。黄酒的度数一般在12°~18°,色黄清亮,黄中带红,醇厚幽香,味感谐和。

啤酒是将大麦芽糖化后加入啤酒花(蛇麻草的雌花)、酵母菌酿制成的一种低度酒饮料。啤酒的度数一般在2°~8°。

果酒是以含糖分较高的水果为主要原料,经过发酵等工艺酿制而成的一种低酒精含量的原汁酒,酒度数多在15°左右。

仿洋酒是我国酿酒工业仿制国外名酒生产工艺所制造的酒,如金奖白兰地、味美思。

(二)按酒的酿制方法分类

按酒的酿制方法可将酒分为蒸馏酒、酿造酒、配制酒。

蒸馏酒是将原料经过发酵后用蒸馏法制成的酒叫蒸馏酒。这类酒的酒度较高,一般在30°以上,如中国白酒等。

酿造酒又称发酵酒,是将原料发酵后直接提取或采取压榨法获取的酒,其酒度不高,一般不超过15°,如黄酒、果酒、啤酒、葡萄酒。

配制酒是以原汁酒或蒸馏酒作基酒,与酒精或非酒精物质进行勾兑,兼用浸泡、调和等多种手段调制成的酒,如药酒、露酒等。

(三)按酒精含量分类

按酒精的含量可将酒分为高度酒、中度酒、低度酒。

高度酒,酒液中酒精含量在40%以上的酒为高度酒,如茅台、五粮液、汾酒、二锅头等。

中度酒,酒液中酒精含量在20%~40%的酒为中度酒、如竹叶青、米酒、黄酒等。

低度酒,酒液中酒精含量在20%以下的酒为低度酒,如葡萄酒、桂花陈酒、香槟酒和低度药酒。

三、中国名酒

（一）白酒

白酒是中国独有的，按照香型可以分为酱香型（也叫茅香型，以茅台为代表）、浓香型（也叫泸香型，以泸州老窖和五粮液为代表）、清香型（也叫汾香型，以汾酒为代表）三大香型，还有兼香型（浓酱结合）、凤香型（西凤酒）、豉香型（广东玉冰烧）、药香型（董酒）、芝麻香型（山东景芝白干）等。三大香型白酒都是以高粱为主要原料，麦曲为糖化发酵剂，长时间发酵而成的（清香型发酵时间较短），最后用中国特有的"甑"蒸馏而成原酒（或叫原浆、原液等），原酒经过长时间储存老熟，勾兑调味成为出厂的产品。前三种香型比较成熟，趋于标准化和定型化。随着科学技术的进步、酿酒工业的发展，白酒的香型也必将更加丰富多彩。

知识拓展

白酒的味

- 甜味：是酒中的糖分和醇类引起的，白酒中的甜味很淡。
- 辣味：是由化学成分醛造成的，一般白酒都有不同程度的辣味。
- 酸味：主要味觉是陈年老酿中的芳香酯的作用，有醇厚和刺激的感觉。
- 苦味：过多的醇形成苦味，苦味可以生津止渴、去热开胃，但不能过重。
- 咸味：酒中含有微量的盐，以增强醇厚感。
- 怪味：制作者有意或无意的制成，体现与众不同的感觉。

我国著名的白酒有以下几种。

1.酱香型茅台酒

酱香型白酒因有一种类似豆类发酵时的酱香味而得名。因源于茅台酒工艺，故又称茅香型。这种酒优雅细腻，酒体醇厚、丰富，回味悠长。当然，酱香不等于酱油的香味，从成分上分析，酱香型酒的各种芳香物质含量都较高，而且种类多，香味丰富，是多种香味的复合体。这种香味又分前香和后香。所谓前香，主要是由低沸点的醇、酯、醛类组成，起呈香作用；所谓后香，是由高沸点的酸性物质组成，对呈味起主要作用，是空杯留香的构成物质。

茅台酒产于贵州省仁怀县茅台镇，因产地而得名。茅台酒酒厂位于赤水河畔，有 270 余年的历史。相传 1704 年，有一个贾姓山西盐商从山西汾阳杏花村请来酿酒大师，在茅台镇酿制山西汾酒。酿酒大师按照古老的汾酒制法，酿出了沁香醇厚的美酒，只是该酒的风味与汾酒不同，故称“华茅”。“华茅”就是“花茅”，即杏花茅台的意思（古代“华”“花”相通）。以后当地一个姓王的于同治十二年（1873 年）设立荣和酒坊，后为贵州财阀赖永初所有，即称为“赖茅”。茅台酒有 53°茅台酒、低度茅台酒、贵州醇、茅台威士忌、茅台女王酒、茅台醇、茅台特醇等品种。

茅台酒被尊为我国的“国酒”，是酱香型的楷模。根据国内研究资料和仪器分析测定，它的香气中含有 100 多种微量化学成分。启瓶时，首先闻到幽雅而细腻的芬芳，这就是前香；继而细闻，又闻到酱香，且夹带着烘炒的甜香，饮后空杯仍有一股香兰素和玫瑰花的幽雅芳香，而且 5~7 天不会消失，美誉为“空杯香”，这就是后香。前香后香相辅相成，浑然一体，卓然而绝。

除茅台酒外，国家名酒中还有四川的郎酒也是享名国内的酱香型白酒。贵州的习酒、怀酒、珍酒、黔春酒、颐年春酒、金壶春、筑春酒、贵常春等也属于酱香型白酒。

2.浓香型五粮液

浓香型白酒，香味浓郁，这种香型的白酒具有窖香浓郁、绵甜爽净的特点。它的主体香源成分是乙酸乙酯和丁酸乙酯。浓香型白酒的已酸乙酯比清香型酒高几十倍，比酱香型白酒高 10 倍左右。另外还含丙三醇，其作用是使酒绵甜甘洌。酒中含有机酸，起协调口味的作用。浓香型白酒的有机酸以乙酸为主，其次是乳酸和己酸。白酒中还有醛类和高级醇。在醛类中，乙缩醛较高，是构成酒香的主要成分。浓香型白酒以四川泸州老窖酒、五粮液为代表。

五粮液产于四川宜宾市五粮液酒厂，源于唐代的“重碧”和宋代的“荔枝绿”，又经过明代的“杂粮酒”“陈氏秘方”，经过 1000 多年的岁月，才达到今天的一枝独秀。

五粮液因以 5 种粮食（高粱、大米、糯米、玉米、小麦）为原料而得名。水取自岷江江心，质地纯净，发酵剂用纯小麦制的“包包曲”，香气独特。发酵窖是陈年老窖，有的窖为明代遗留下来的。发酵期在 70 天以上，并用老熟的陈泥封窖。严格执行分层蒸馏、量窖摘酒、高温量水、低温入窖、滴窖降酸、回酒发酵、双轮底发酵、勾兑调味等一系列工序。五粮液酒液清澈透明，香气悠久，味醇厚，入口甘绵，入喉净爽，各味协调，恰至好处。酒度分 39°、52°、60° 三种。开瓶时喷香突起，浓郁扑鼻；入口后，满口溢香；饮后无刺激感，不上头且余香不尽。五粮液属浓香型大曲酒中出类拔萃之佳品，柔和甘美，酒味醇厚，风格独特。

四川省有 5 种白酒被评为全国名酒，被誉为“五朵金花”，而其中宜宾酿制的五粮液酒则是群芳之首。宜宾的酿酒历史可以追溯到 3000 年前。1984 年在宜宾境内出土了一件精美的青铜爵（古代的饮酒器），其形状和纹饰都与中原地区的不同，显然是当时居住在宜宾地区的少数民族所造。五粮液酒的发展历史也可以追溯至唐代，当然，那时并不叫五粮液，酒的成分、质量也非今日的五粮液。到了大约 150 年前，宜宾酿造出以 5 种粮食（高粱、大米、糯米、玉米、小麦）为原料的酒，当时叫“杂粮酒”，直到20世纪20年代末才改称五粮液。现今五粮液酒厂原有的发酵酒窖，还是明清两代所建，足见其历史久远。

新中国成立后，人民政府对五粮液酒的生产非常重视。宜宾五粮液酒厂在继承传统操作的基础上，对生产工艺进行了大胆的革新，对“秘方”在科学试验的基础上做了改变，将荞麦换成小麦，反复调整配方比例，从而使成品酒基本上去掉了残留的苦、涩和糙味，进一步达到了酒质芳香、醇和、甘美、清爽，特别是突出了喷香，风味日趋完善。在1956年原国家轻工业部举办的全国名曲酒质量鉴定会上，与会者认为五粮液集酒调和清香味于一体，品质优异，风味独特，受到与会者的称赞。在这次会上，五粮液酒独占鳌头，一举夺得浓香型酒第一名。以后，五粮液酒曾多次获国家名酒称号、获金质奖章以及国际金奖。20世纪70年代又酿造出低度(39°)五粮液酒。

3.浓香型泸州老窖

泸州老窖特曲与泸州老窖头曲、二曲酒统称为泸州老窖大曲酒(即泸州大曲)，是古老的四大名酒之一，产于四川省泸州老窖酒厂。泸州曲酒的主要原料是当地的优质糯高粱，用小麦制曲，大曲有特殊的质量标准，酿造用水为龙泉井水和沱江水，酿造工艺是传统的混蒸连续发酵法。蒸馏得酒后，再用“麻坛”储存一二年，最后通过细致的评尝和勾兑，达到固定的标准，方能出厂，保证了老窖特曲的品质和独特风格。此酒无色透明，窖香浓郁，清洌甘爽，饮后尤香，回味悠长，具有浓香、醇和、味甜、回味长的四大特色。

泸州老窖特曲所具有的独特风味，源于古老的酿酒窖池。始建于1573年的泸州老窖窖池群，1996年被列为全国重点文物保护单位，其中最古老的酿酒窖池，已连续使用了400余年。窖池在长期不间断的发酵过程中形成的有益微生物种群，已演变成了庞大而不可探知的神秘的微生物生态体系。至今能查明的有益微生物有400多种(比一般窖池含微生物多出170余种)。这些神秘的微生物能使酒丰满醇厚、窖香优雅。这400多种微生物种群，更成就了“国窖·1573”作为中国最高品质白酒无上品位的核心价值。该窖池1997年被授予“国宝称号”。泸州老窖特曲有60°、52°、38°三个品种。

知识拓展

窖池

“窖池”一般是用特有的黄泥、泉水或井水掺和筑成之后，使用7到8个月，黄泥会由黄变乌。再用2年左右，又会转变成乌白色，并由绵软变成脆硬。过了30

多年后，又会由脆硬变为绵软。泥色又由乌白转为乌黑，并会出现红、绿等颜色。400 年以上的窖泥，在阳光下呈现五颜六色，闪闪发光。为什么会出现这种奇观？至今还是个谜。

老窖泥中的总酸、总酯含量和腐殖质及微生物种类非常多，特别是几百年的老窖泥，其中仅有益的微生物就达几百种，并形成了一个庞大的微生物群落，光嫌气芽孢杆菌就占了相当大的比例。正是这些嫌气芽孢杆菌，将老窖泥独特的微生物特征体现得非常明显，从而影响着粮糟的发酵和出酒的品质。窖池越老，有益微生物就越多，粮糟发酵就越好，酒质也就越好。

泸州是我国酿酒历史最悠久的地区之一。在浩如烟海的史籍中，有不少关于泸州酒的记载与传说。

“酒好不怕巷子深”这句脍炙人口的俗语就来源于泸州老窖国宝窖池边。

在泸州老窖国宝窖池所在地泸州南城营沟头，在明清时代有着一条很深很长的酒巷。酒巷附近有八家手工作坊，据说泸州最好的酒就出自这八家。其中，酒巷尽头的那家作坊因为其窖池建造得最早，所以在八家手工酿酒作坊中最为有名。人们为了喝上好酒，都要到巷子最里面那一家去买。传说在 1873 年的时候，中国洋务运动的代表张之洞出任四川的学政，他沿途饮酒做诗来到了泸州，刚上船，就闻到一股扑鼻的酒香。他心旷神怡，就请仆人给他打酒来。谁知仆人一去就是一个上午，日到中午，张之洞等得又饥又渴，才看见仆人慌慌张张抬着一坛酒一阵小跑。正在生气之间，仆人打开酒坛，顿时酒香沁人心脾，张之洞连说好酒！好酒！于是猛饮一口，顿觉甘甜清爽，于是气也消了。问道，你是从哪里打来的酒？仆人连忙回答，小人听说营沟头温永盛作坊里的酒最好，所以小人倒拐拐、走弯弯，穿过长长的酒巷到了最后一家温永盛作坊里买酒。张之洞点头微笑：真是酒好不怕巷子深啊！温永盛是泸州老窖清代的商标名，经历了 8 代；明代称舒聚源，经历了 14 代。所以，泸州老窖在明清两代有着 22 个掌门人历史。如今，那条弯曲的酒巷也修建成宏伟的国窖广场，但“酒好不怕巷子深”的故事却从这里飞出，伴着泸州老窖的酒香，香透了整个中国名酒历史。

在泸州酒史上，宋代是一个相当重要的时期，当时泸州人已掌握了烧酒制法。当时的大曲酒，在原料选用、工艺操作、发酵方式以及酒的品质等方面，都与今天泸州酿造的浓香型曲酒非常接近，可以说是今天泸州老窖大曲的前身。宋代大曲酒的出现，为泸州酒业的进程揭开了新的篇章。然而泸州酒文化的宋代遗址，却在长期的蒙古定蜀战争中遭到破坏。直到明王朝的建立，酒城泸州又开始了新的发展，这个新发展结果之一就是使当代的泸州人拥有了现存最完整、连续使用时间最长、具有 400 多年悠久历史的泸州老窖窖池。

今天的泸州老窖以其“醇香浓郁，清洌甘爽，回味悠长，饮后尤香”的风格，驰名中外，成为我们珍贵的民族遗产，被誉为酒中泰斗。1952年在全国首届评酒会上，泸州老窖大曲酒与茅台、汾酒、西凤酒并列为全国四大名酒，以后在历届全国评酒会上，都蝉联国家名酒称号，被定为全国浓香型白酒典型代表。1996年11月，泸州老窖池群被国务院命名为全国酒类行业中唯一的全国重点文物保护单位，成为永载史册的国宝窖池，名副其实的“中国第一窖”。当远方的宾客来到泸州，一定会沉醉在泸州老窖的芳香之中，身不由已地闻闻酒之香，观酒之色，带着好奇和渴望倾听酒的故事，享受这久远文化底蕴。泸州因老窖闻名于世，老窖以美酒传于后人。著名数学家华罗庚曾题诗：“何以解忧，唯有杜康；而今无忧，特曲是尝；产自泸州，甘洌芬芳。”

除泸州老窖、五粮液外，古井贡酒、双沟大曲、洋河大曲、剑南春、全兴大曲等都属于浓香型。贵州的鸭溪窖酒、习水大曲、贵阳大曲、安酒、枫榕窖酒、九龙液酒、毕节大曲、贵冠窖酒、赤水头曲等也属于浓香型白酒。贵州浓香型名牌白酒品种较多。

4.浓香型剑南春

剑南春产于中国四川绵竹。唐代时人们常以“春”命酒，绵竹又位于剑山之南，故名“剑南春”。这里酿酒已有1000多年历史，早在唐代武德年间（公元618—626年），就有剑南道烧春之名。据唐人所著书中记载：“酒则有……荥阳之土窖春……剑南之烧春。”“剑南之烧春”就是绵竹产的名酒。

相传唐代大诗人李白青年时代曾在绵竹“解貂赎酒”。从此，绵竹酒就以“土解金貂，价重洛阳”来形容自己的身价。宋代大诗人苏轼作《蜜酒歌》，诗前有引：“西蜀道人杨世昌，善做蜜酒，绝醇酽，余既得其力，作此歌以遗之。”由此足见唐宋两代，绵竹的酒已是醇酽甘美。

剑南春酒的前身绵竹大曲创始于清朝康熙年间，迄今已有300多年的历史。最早开办的酒坊叫“朱天益酢坊”，业主姓朱，名煜，陕西三原县人，酿酒匠出身。当初，他发现绵竹水好，便迁居到此，开办酒坊。后来又有白、杨、赵三家大曲酒作坊相继开业。据说，这四家都是采取陕西汉中略阳的配方酿造大曲酒。据《绵竹县志》记载：“大曲酒，邑特产，味醇香，色泽白，状若清露。”清代文学家李调元在《函海》中写道：“绵竹清露大曲酒是也，夏清暑，冬御寒，能止吐泻，除湿及山岚瘴气。”1958年，绵竹大曲酒改名“剑南春”。

剑南春以高粱、大米、糯米、玉米、小麦为原料，小麦制大曲为糖化发酵剂。其工艺有红糟盖顶、回沙发酵、去头斩尾、清蒸熟糠、低温发酵、双轮底发酵等，配料合理，操作精细。剑南春酒质无色，清澈透明，芳香浓郁，酒味醇厚，醇和回甜，酒体丰满，香味协调，恰到好处，清洌净爽，余香悠长。酒度分28°、38°、52°、60°，属浓香型大曲酒。

5.清香型汾酒

汾酒产于山西省汾阳县杏花村。距今已有1500多年的历史,是我国名酒的鼻祖。相传,杏花村很早以前叫杏花坞。每年初春,村里村外到处开着一树又一树的杏花,远远望去像天上的红云飘落人间,甚是好看。据史料记载,汾酒起源于唐代以前的黄酒,后来才发展成为白酒。

汾酒是清香型白酒的典型,是由几千年的传统工艺深化而成的好酒。它的生产工艺流程可以说明这一点。汾酒酿造,历来选用优质高粱为原料,以当地优良古井水和地下水为酿造用水。以大麦、豌豆为制曲原料,接种天然微生物群落,制成青茬曲、中温曲、红心曲,分别制曲,混合使用。成品曲有典型的清香和曲香。原料粉碎后,晾堂堆积润糁、发酵(繁殖酵母),然后进入地缸发酵,这是汾酒的典型工艺特点。表现为原料清蒸、辅料清蒸、清渣发酵、清蒸流酒,因为这样一清到底的工艺特点,所以产品是清香型,略似苹果香。在酿造过程中,卫生条件要求严格。大渣、二渣的酒醇发酵周期各为28天。酒经过缓火蒸馏得大、二渣汾酒,分别储存老熟,三年以上(老白汾酒为十年以上)。典型的汾酒是根据大、二渣汾酒不同的质量特点,取其"特香""特绵""特甜""特爽"的成分酒,与另一批合格酒的成分酒,相互勾兑而成产品酒或上市酒。老熟过程,多在陶瓮内完成。装瓶车间早已现代化了。这样的工艺过程符合传统的规格要求。

在酒文化的历史长河中,汾酒形成了自己独特的风格,即酒液清冽、晶亮透明、清香醇正、柔和爽口、回甜生津,入口绵,落口甜,饮后余香不绝,素以色、香、味"三绝"著称。汾酒品种以老白汾酒居要,其次为露酒,有竹叶青、白云、玫瑰等。精品有45°坛汾、大兰花,53°生肖汾、53°玻汾、48°小牧童干汾、48°小兰花等。

6.凤香型西凤酒

西凤酒是我国"八大名酒"之一,产于陕西省凤翔县柳林镇,尤以凤翔县城以西的柳林镇所酿造的酒为上乘,声誉最高。在唐朝西凤酒就以"甘泉佳酿,清冽醇馥"被列入珍品而闻名于世,是我国和世界上最古老的酒种之一。

知识拓展

八大名酒

第二届全国评酒会上荣获国家名酒称号的八大名酒是:五粮液、古井贡酒、泸州老窖特曲、全兴大曲酒、茅台酒、西凤酒、汾酒、董酒。

各届评酒活动中评选出的国家名酒有所变化,能经得住考验并屡受好评的是八大名酒：茅台酒、汾酒、五粮液、泸州老窖特曲、剑南春、郎酒、古井贡酒、洋河大曲。

西凤酒历史悠久，据初步考证，其始于周秦，盛于唐宋，距今已有2700多年的历史，远在唐代就已列为珍品，是我国八大名酒之一。凤翔古称雍州，是古代农业发展较早的地区，人类在这里从事农业活动已有五六千年的历史，是黄河流域上中华民族古老文化的重要发源地之一，民间传说中产凤凰的地方。相传周文王之时“凤凰集于岐山，飞鸣过雍”；春秋时代秦穆公之爱女弄玉喜欢吹笛，引来善于吹箫的华山隐士萧史，知音相遇，终成眷属，后乘凤凰飞翔而去。凤翔历史上曾是关中西部的政治、经济、文化中心，从秦建都以后的各个朝代，凤翔均为州、郡、府、路之治所，故又有“西府”之称，这里自古以来盛产美酒。

唐初，柳林等集镇酒业尤为兴隆。唐贞观年间，柳林酒就有“开坛香十里，隔壁醉三家”的赞誉，以“醇香典雅、甘润挺爽、诸味协调、尾净悠长”列为珍品。苏轼任职凤翔时，酷爱此酒。多少世纪以来，柳林酒以其精湛的酿造技艺和独特风格著称于世，以“甘泉佳酿”“清冽琼香”的盛名被历代王室列为珍品，被称为中华民族历史名酒中的“瑰丽奇葩”。至近代方取名“西凤酒”。今天，民间仍流传着“东湖柳、西凤酒、妇女手（指民间许多手工艺品出自妇女之手）”的佳话。

西凤酒以当地特产高粱为原料，用大麦、豌豆制曲。工艺采用续渣发酵法，发酵窖分为明窖与暗窖两种。工艺流程分为立窖、破窖、顶窖、圆窖、插窖和挑窖等工序，自有一套操作方法。蒸馏得酒后，再经三年以上的储存，然后进行精心勾兑方出厂。

西凤酒无色，清亮透明，醇香芬芳，清而不淡，浓而不艳，集清香、浓香之优点于一身，诸味协调，回味舒畅，风格独特，被誉为“酸、甜、苦、辣、香五味俱全而各不出头”。即酸而不涩，苦而不黏，香不刺鼻，辣不呛喉，饮后回甘、味久而弥芳。属凤香型大曲酒，被人们赞为“凤型”白酒的典型代表。酒度分39°、55°、65°三种。适时饮用，有活血驱寒、提神祛劳之益。

7.古井贡酒

古井贡酒产于安徽省亳县古井酒厂。亳县是我国历史上古老的都邑，是东汉曹操的家乡。据史志记载，曹操曾用“九投法”酿出有名的“九酝春酒”（九酝酒）。南梁时，梁武帝萧衍中大通四年沛军攻占樵城（亳县），北魏守将战死。后有人在战地附近修了一座独孤将军庙，并在庙的周围掘了20眼井，其中有一眼井，水质甜美，能酿出香醇美酒。1000多年以来，人们都取这古井之水酿酒，酿成的酒遂以古井为名。明万历年间起，古井酒一直被列为进献皇室的贡品，故又得名古井贡酒。在清末，古井佳酿一度绝迹。1958年，古井贡酒恢复生产，在亳县减店集投资建厂,继续取用有1400年历史的古井之水酿酒。

古井贡酒品质卓然的另一个原因,就是工艺先进。古井贡酒在传统的“老五甑”操作法的基础上,吸取现代酿酒技术发展而成。古井贡酒最独特的工艺就是“掐头去尾”,有经验的老酒工把从酒甑中流出的酒液,通过掐头去尾,中间的优质酒液用来勾兑古井贡酒。头酒部分再经过分级,分别勾兑不同等级的古井系列酒,掐得准不准,掐得是否适当,这全凭老酒工的经验了。尽管如此,这些酒还不能出厂,原酒必须经过分级入库,过滤储存,即“养酒”后,才能初具“浓香醇厚、柔和爽口”的特点。经过1年甚至30年在地下储存的基础酒,通过勾兑师的精心调兑,才能灌装出厂。

一方面,古井贡酒的呈香、呈味的酯类物质,在种类和含量上普遍多于其他浓香型大曲酒。通过目前的定量分析,古井贡酒所含有的80多种香味物质的种类比其他浓香型酒多15~30种,并且这些香味物质的含量是其他浓香型酒的2~3倍。同时,在古井贡酒中还拥有一个完整的有机酸丙酯系列,这是其他浓香型大曲酒所没有的。

另一方面,古井贡酒含有适量的醇类和高级脂肪酸酯,这使得它入口绵甜、醇香清怡、口感饱满,并且在醇甜柔顺中透出幽香。特别是新发现的5-羟甲基糠醛物质,其适当的含量与酒中的醇类、酯类、酸类、醛类、酮类、酚类共同形成了古井贡酒幽香淡雅的浓香型独特风格。古井贡酒有30°、38°、45°、50°、45°、古井988酒、古井贡酒精品和极品等品种。

8.药香型董酒

董酒产于贵州省遵义市董酒厂。遵义酿酒历史悠久,可追溯到魏晋时期,以酿有“咂酒”闻名。《遵义府志》载:“苗人以芦管吸酒饮之,谓竿儿酒。”《峒溪县志》载:“咂酒一名钓藤酒,以米、杂草子为之以火酿成,不刍不酢,以藤吸取。”到元末明初时出现“烧酒”。民间有酿制饮用时令酒的风俗,《贵州通志》载:“遵义府,五月五日饮雄黄酒、菖蒲酒。九月九日煮蜀稷为咂酒,谓重阳酒,对年饮之,味绝香。”清代末期,董公寺的酿酒业已有相当规模,仅董公寺至高坪20里一带的地区,就有酒坊10余家,尤以程氏作坊所酿小曲酒最为出色。1927年,程氏后人程明坤会聚前人酿技,创造出独树一帜的酿酒方法,使酒别有一番风味,颇受人们喜爱,被称为“程家窖酒”“董公寺窖酒”,1942年称为“董酒”。董酒工艺秘不外传,作坊仅有两个可容三至四万斤酒醅的窖池和一个烤酒灶,是小规模生产。其酒销往川、黔、滇、桂等省区,颇有名气。1935年,中国工农红军长征时两次路过遵义,许多指战员曾领略过董公寺窖酒的神韵,留下许多动人的传说。新中国成立前夕,因种种缘故,程氏小作坊关闭,董酒在市场上绝迹。1956年遵义酒厂恢复生产,翌年投产。

董酒以“酒液晶莹透明,香气幽雅舒适,入口酿和浓郁,饮后甘爽味长”为其特点,并有祛寒活络、促进体液循环、消除疲劳、宽胸顺气等功能,曾四次荣获全国名酒称号(在全国第二、第三届评酒会上,都被评为全国十八大名酒之一),1984 年,又获轻工部金杯奖,已经远销港澳、东南亚、日本和欧美等国家和地区,深受国内外消费者的欢迎。

董酒无色,清澈透明,香气幽雅舒适,既有大曲酒的浓郁芳香,又有小曲酒的柔绵、醇和、回甜,还有淡雅舒适的药香和爽口的微酸,入口醇和浓郁,饮后甘爽味长。由于酒质芳香奇特,被人们誉为其他香型白酒中独树一帜的“药香型”或“董香型”典型代表。董酒有 38°、58°两种,其中 38°酒名为飞天牌董醇。

9.洋河大曲

洋河大曲产于江苏省泗阳县洋河镇洋河酒业股份有限公司。洋河镇地处白洋河和黄河之间,水陆交通畅达,自古以来就是商业繁荣的集镇,酒坊甚多,故古人有“白洋河中多沽客”的诗句。清代初期,原有山西白姓商人在洋河镇建糟坊,从山西请来酒师酿酒,其酒香甜醇厚,声名更盛,获得“福泉酒海清香美,味占江淮第一家”的赞誉。编纂于清同治十二年(1873 年)的《徐州府志》载有“洋河大曲酒味美”。又据《中国实业志·江苏省》载:“江北之白酒,向以产于泗阳之洋河镇者著名,国人所谓‘洋河大曲’者,即此种白酒也。洋河大曲行销于大江南北,已有 200 余年之历史,以后渐次推展,凡在泗阳城内所产之白酒,亦以洋河大曲名之,今则‘洋河’二字,已成为白酒之代名词矣。”

洋河大曲酒液无色透明,醇香浓郁,余味爽净,回味悠长,是浓香型大曲酒,有“色、香、鲜、浓、醇”的独特风格,以其“入口甜、落口绵、酒性软、尾爽净、回味香、辛辣”的特点,闻名中外。洋河大曲有 55°、62°、64°三种规格,55°洋河大曲主要供出口。

10.全兴大曲

全兴大曲产于四川成都全兴酒厂。全兴大曲是老牌中国名酒,源于清代乾隆年间,初由山西人在成都开设酒坊,按山西汾酒工艺酿制。后来,酿酒艺人根据成都的气候、水质、原料和窖龄等条件,不断改进酿造工艺,创造出一套独特的酿造方法,酿造出了风味独特的全兴大曲。1951 年,在全兴老号的基础上成立了成都酒厂,全兴大曲开始由作坊式生产过渡到工厂化大生产。

全兴大曲以高粱为原料,用以小麦制的高温大曲为糖化发酵剂。该酒对用料严格挑选,其独特的传统工艺为:用陈年老窖发酵,发酿期 60 天,面醅部分所蒸馏之酒,因质差另作处理,用作填充料的谷壳,也要充分进行清蒸。蒸酒要掐头去尾,中流酒也要经鉴定、验质、储存、勾兑后,才包装出厂。

全兴大曲酒质呈无色透明,清澈晶莹,窖香浓郁,醇和协调,绵甜甘洌,落口爽净。入口清香醇柔,爽净回甜。其酒香醇和,既有浓香型的风味,又有独自的风格。酒度分 38°、52°、60°三种。

(二)黄酒

黄酒是我国的民族特产,也称为米酒(rice wine),属于酿造酒,在世界三大酿造酒(黄酒、葡萄酒和啤酒)中占有重要的一席。酿酒技术独树一帜,成为东方酿造界的典型代表和楷模。其中以浙江绍兴黄酒为代表的麦曲稻米酒是黄酒历史最悠久、最有代表性的产品;山东即墨老酒是北方粟米黄酒的典型代表;福建龙岩沉缸酒、福建老酒是红曲稻米黄酒的典型代表。

黄酒是世界上最古老的酒类之一,源于中国,且唯中国有之,与啤酒、葡萄酒并称世界三大古酒。约在 3000 多年前,商周时代,中国人独创酒曲复式发酵法,开始大量酿制黄酒。黄酒产地较广,品种很多,著名的有浙江花雕酒、状元红、上海老酒、绍兴加饭酒、福建老酒、江西九江封缸酒、江苏丹阳封缸酒、无锡惠泉酒、广东珍珠红酒、山东即墨老酒等。但是被中国酿酒界公认的、在国际国内市场最受欢迎的、最具中国特色的,首推绍兴黄酒。

黄酒以大米、黍米为原料,一般酒精含量为 14%~20%,属于低度酿造酒。黄酒含有丰富的营养,含有 21 种氨基酸,其中包括有氨基酸,而人体自身不能合成必须依靠食物摄取 8 种必需氨基酸黄酒都具备,故被誉为“液体蛋糕”。

我国著名的黄酒有以下几个品种。

1.绍兴黄酒

绍兴黄酒,简称“绍酒”,产于浙江省绍兴市。据《吕氏春秋》记载:“越王之栖于会稽也,有酒投江,民饮其流而战气百倍。”可见在 2000 多年前的春秋时期,绍兴已经产酒。到南北朝以后,绍兴黄酒有了更多的记载。南朝《金缕子》中说:“银瓯贮山阴(绍兴古称)甜酒,时复进之。”宋代的《北山酒经》中亦认为:“东浦(东浦为绍兴市西北 10 余里的村名)酒最良。”到了清代,有关黄酒的记载就更多了。20 世纪 30 年代,绍兴境内有酒坊达 2000 余家,年产酒 6 万多吨,产品畅销中外。

绍兴黄酒营养丰富,据科学鉴定含有 21 种氨基酸,其中包括人体必需的但不能自身合成的 8 种氨基酸。绍兴黄酒芬芳醇厚,色香味俱佳。

绍兴黄酒主要呈琥珀色,即橙色,透明澄澈,纯洁可爱,令人赏心悦目。这种透明琥珀色主要来自原料米和小麦本身的自然色素和加入了适量糖色。

绍兴黄酒有诱人的馥郁芳香。凡是名酒,都重芳香,绍兴酒所独具的馥香,不是指某一种特别重的香气,而是一种复合香,是由酯类、醇类、醛类、酸类、羰基化合物和酚类等多种成分组成的。这些有香物质来自米、麦曲本身以及发酵中多种微生物的代谢和储存期中醇与酸的反应,它们结合起来就产生了馥香,而且往往随着时间的久远而更为浓烈。所以绍兴酒称老酒,因为它越陈越香。代表酒有元红酒、加饭酒、善酿酒、香雪酒、花雕酒、女儿酒。

2.即墨老酒

即墨老酒产于山东省即墨县。公元前722年,即墨地区(包括崂山)已是一个人口众多、物产丰富的地方。这里土地肥沃,黍米(俗称大黄米)高产,米粒大,光圆,是酿造黄酒的上乘原料。当时,黄酒作为一种祭祀品和助兴饮料,酿造极为盛行。在长期的实践中,"醑酒"风味之雅,营养之高,引起人们的关注。古时地方官员把"醑酒"当做珍品向皇室进贡。相传,春秋时齐国君齐景公朝拜崂山仙境,谓之"仙酒";战国齐将田单巧摆"火牛阵"大破燕军,谓之"牛酒";秦始皇东赴崂山索取长生不老药,谓之"寿酒";几代君王开怀畅饮此酒,谓之"珍浆"。唐代中期,"醑酒"又称"骷辘酒"。到了宋代,人们为了把酒史长、酿造好、价值高的"醪酒"同其他地区黄酒区别开来,以便于开展贸易往来,又把"醑酒"改名为"即墨老酒",此名沿用至今。清代道光年间,即墨老酒产销达到极盛时期。即墨老酒酒液墨褐带红,浓厚挂杯,具有特殊的糜香气。

千百年来,一代又一代酿酒师傅在长期的实践中,探索总结出了一整套酿造即墨老酒的独特工艺并传承至今,据《周礼、天宫》记载:"乃命大酋(酿酒师),黍米必齐,曲糵必时,水泉必香,陶器必良,湛炽必洁,火剂必得。"这就是酿造即墨老酒的"古遗六法"。

即墨老酒酿造工艺之独特,是与其他黄酒酿造工艺相比较而言。其他黄酒(如绍兴黄酒)都是采用蒸饭法,即用蒸锅将原料(普通用稻米)蒸熟后再添加曲种发酵取酒,唯独即墨老酒是用"糜法",即将泡透的大黄米放于锅中,在加热过程中不断搅拌添浆,使其焦而不糊而成糜,加曲发酵取酒,因此,即墨老酒是纯大黄米酿造的,是真正的绿色饮品。

即墨老酒含有17种氨基酸,总含量每升高达10 000mg以上,其中赖氨酸、蛋氨酸、组氨酸、苯丙氨酸等8种人体必需的氨基酸,每升含量高达3000mg,是啤酒的11倍,葡萄酒的12倍。此外,还有钙、镁等无机盐以及锌、铜、锶、锰等16种对人体有益的微量元素。适量常饮可以改善人体微循环,舒筋活血;调节人体免疫功能,抗衰益寿;常饮即墨老酒,对关节炎、腰腿痛及妇科病均有较好的防治作用。

3.沉缸酒

沉缸酒产于福建省龙岩县(现龙岩市),因在酿造过程中,酒醅经"三浮三沉",最后酒渣沉落缸底,故取名"沉缸酒"。沉缸酒始于明末清初,距今已有180多年历史。传说,在距龙岩县城30余里的小池村,有位从上杭来的酿酒师傅,名叫五老倌。他见这里有江南著名的"新罗第一泉",便在此地开设酒坊。刚开始时他按照传统酿制,以糯米制成酒醅,得酒后入坛,埋藏三年出酒,但酒度低、酒劲小、酒甜、口淡。于是他进行改进，在酒醅中加入低度米烧酒，压榨后得酒，人称“老酒”，但还是不醇厚。他又二次加入高度米烧酒，使老酒陈化、增香后形成了如今的“沉缸酒”。

龙岩沉缸酒属于黄酒。沉缸酒酒液鲜艳透明，呈红褐色，有琥珀光泽，酒味芳香扑鼻，醇厚馥郁，饮后回味绵长。此酒糖度虽高，却无一般甜型黄酒的黏稠感，使人觉得糖的清甜，酒的醇香，酸的鲜美，曲的苦味，味味俱全。

（三）葡萄酒

葡萄酒是以葡萄为原料，经自然发酵、陈酿、过滤、澄清等一系列工艺流程所制成的酒精饮料。葡萄酒酒度常为9~12度。

据考证，我国在西汉时期以前就开始种植葡萄并有葡萄酒的生产。司马迁在著名的《史记》中首次记载了葡萄酒。公元前138年，外交家张骞奉汉武帝之命出使西域，看到“宛左右以葡萄为酒，富人藏酒至万余石，久者数十岁不败。俗嗜酒，马嗜苜蓿。汉使取其实来，于是天子始种苜蓿，蒲陶肥饶地。及天马多，外国使来众，则离宫别馆旁尽种葡萄，苜蓿极望”（《史记・大宛列传》第六十三）。大宛是古西域的一个国家，在中亚费尔干纳盆地。这一例史料充分说明我国在西汉时期，已从邻国学习并掌握了葡萄种植和葡萄酿酒技术。

我国著名的葡萄酒有烟台红葡萄酒、烟台味美思、河南民权葡萄酒、中国红葡萄酒、沙城干白葡萄酒、王朝半干白葡萄酒等。

四、酒礼、酒令和酒道

（一）酒礼

酒礼是饮酒的礼仪、礼节，我国自古有“酒以成礼”之说。先秦时代，酒产量较少，酿酒主要是用于祭祀，表示下民对上天的感激与崇敬。若违背了这一宗旨，下民自行饮用起来，即成莫大罪过。一般人平时不得饮酒，只有在祭祀等重大观庆典礼时，才可依一定规矩分饮，成为“礼”的演示的重要程序，以及“礼”的一部分。而后，由于政治的分散，权利的下移，经济文化的发展变化，关于酒的观念和风气也发生很大改变，酒的约束和恐惧逐渐松弛淡化，饮酒虽然保留在礼拜鬼神的祭奠中，但非祭祀的饮酒却大量存在。饮酒逐渐演变成象征性的仪式。后世的酒礼多偏重于宴会规矩，如发柬、恭迎、让座、斟酒、敬酒、祝酒、致谢、道别等，将礼仪规范融注在觥筹交错之中，使宴会既欢娱又节制，既洒脱又文雅，不失秩序，不失分寸。

知识拓展

我国各少数民族酒礼仪

一、蒙古族

蒙古族逢年过节必不可少的一种礼仪叫敬“德吉”。“德吉”汉语译为“酒的第一盅”。当客人入座后，主人捧着有酥油的银碗和酒壶从长者或贵宾开始敬“德吉”。接受敬意的人，双手接过银碗，用右手无名指轻轻蘸一下酥油，向天弹去，重复三次。其余客人依次轮流做过一种礼节后，主人便斟酒敬客人，接受敬酒的每一客人，酒必须喝干，以示对主人的尊敬。蒙古族同胞很好客，喜欢给客人敬酒，一般一次敬三杯，客人至少要喝两杯，客人若不喝，主人便对其唱敬酒歌：“金杯里美酒芳香流溢，献给远方来的客人……”唱到客人将酒喝下为止。

二、藏族

藏族同胞的盛大节日是藏历年，新年来临，每家都要酿造青稞酒，酒度不高。藏族人民好客，敬酒一敬三杯，前两杯客人根据自己的酒量可以喝完，也可剩一些，不能一点不喝，而第三杯，则要一饮而尽以表示对主人的尊重。西藏人民除年节饮酒相庆外，还过望果节。这是古老的预祝农业丰收的传统节日。这一天，家家户户开怀畅饮，骑马、射箭、唱戏、歌舞。藏族同胞喝酒劝酒时都要唱歌，比如祝酒歌：“闪亮的酒杯高举起……但愿朋友身体健康，祝愿朋友吉祥如意！”酒酣兴浓时还会跳起舞来。

三、壮族

壮族人好酒，席间敬酒方式有“半杯(交杯)”、“交臂”和“转转酒”。主客双方相互敬酒，客人饮主杯中的酒，主人饮自己所执酒杯中的酒，称为“交臂酒”。主客围桌而坐，相互之间同时敬酒，各人饮其身边亲友杯中之酒，称为“转转酒”。民间饮酒一般用大碗盛酒，主客用调羹舀酒对敬(用“串杯”方式或“交臂”方式)，也有将鸡鸭胆汁、猪牛胆汁溶于酒中饮用，以清火明目。

四、彝族

彝族同胞极喜饮酒，彝族有一谚语：“汉人贵茶，彝人贵酒。”《南通志》《邛北县志》等汉文方志亦有“嗜酒酣斗”“族类相聚，浮白大块，虽醉死而无悔也”的记载。逢年过节，亲朋好友相聚或是宴请，酒是必不可少的，“无酒不成宴，有酒便是一宴。”故有“饮酒不用菜”的习惯。彝族古老习俗中，酒是人们表示礼节、遵守信义、联络感情不可缺少的饮料。待客，以酒为上品。彝族走亲串友，赶集路遇，无论街边路旁，将查尔瓦一垫，或坐或蹲，围成圆圈，便饮起酒来。首饮者，将瓶盖启开，对着瓶口,仰天咕嘟大饮一口,把酒瓶放在胸前,用手背揩干嘴角,然后将酒瓶传到旁边的酒友,依次传下去,转来转去,不知转多少圈,直到饮酒者一醉方休。饮酒时边饮边讲自己开心的事,无菜佐酒,这就叫饮“寡酒”或“转转酒”。最能体现彝族豪放的民族风格的是喝碗碗酒,吃坨坨肉。彝族人多数居住在高寒山区,不仅酒量大而且喜欢度数高的烈性酒。无论逢年过节、红白喜事,多数饮者相聚,使用大土碗盛酒。下酒菜是拳头大的坨坨肉,喝到尽兴时,一口一碗;吃到尽兴时,大嚼大咽,此乃坨坨肉、碗碗酒。

五、羌族

羌族男女老幼都喜欢饮咂酒,咂酒是用青稞、小麦煮熟后,拌以酒曲放入坛内,以草覆盖,久储而成。羌族人饮咂酒很讲究。先要举行仪式致开坛词,仪式必须在神台下或火塘的上方举行,主持人必须是巫师或长者。致词时,主持人一边将竹管插入坛内,一边蘸三滴酒向天空,向天地神灵致敬,然后按身份每人用竹管吸一口咂酒,此所谓吃“排子酒”。排子酒吃毕,就开始轮流敬酒。饮咂酒时,酒坛打开,注入开水,再插上几根长竹管,大家轮流咂吸。边饮边添开水,直至味淡而止。最后连坛中的酒渣也全部吃掉,这就叫“连渣带水,一醉二饱”。饮咂酒时,还要伴以歌舞。祝酒歌为:“清凉的咂酒也,依呀勒嗦勒,咿呀咿呀勒嗦勒,请坐请坐请呀坐也,喝不完再也喝不完的咂酒也……”如今还依然盛行,并受到很多游客的喜欢。

六、苗族

苗族的酒礼酒俗更是丰富多彩,如“拦路酒”,凡遇客人进寨村民便在门前大路上开始设置拦路酒,道数多少不等,少则三五道,多至12道,最后一道设在寨门口,对客人唱拦路歌,让客人喝拦路酒,喝完才能进入寨门。除了“拦路酒”,还有“进门酒”“交杯酒”“双杯酒”等,体现了苗族人民丰富多彩的酒文化。

(二)酒令

酒的魅力,其实并不完全在酒本身,还在于酒文化的丰富内涵和附加的娱乐功能。作为中华民族独特文化现象的酒礼和酒令,无疑给酒增添了无限乐趣。

酒令是中国独有的游戏。它的出现与周代酒礼的产生有关。“酒食者所以合欢”,酒令是一种互动的游戏,给喝酒创造了一种合欢的气氛。这是其一。其二,行酒令不但调动了喝酒的气氛,还调节了每个人喝酒的量,体现了参与者喝酒机会均等。酒令在春秋战国的时候就已经有了。当时有几种不同的酒令。一种是投壶,就是搁一个壶在那儿,然后把箭投进去,输者喝酒。还有一种是射覆,拿一个盆之类的器具,上面盖着让大家猜里面的东西。

在南北朝时,酒令很快发展成为一种让很多人终日留恋的群体游戏。在魏晋南北朝的时候人们喝酒有几个特点:第一,特别好聚饮,酒桌上做诗就是从那时开始的;第二,对联、连语、格律这些文字游戏,也是在酒桌上形成的。如王羲之他们当时就是用“曲水流觞”的方法来联诗,王羲之当场写出了著名的《兰亭集序》。这种比赛形式,也促进了诗的发展和完善,也是后来唐诗大繁盛的成因之一。

当时还有一种酒令,是采用“竹制筹令”。把竹签当筹,签上面写有酒令的要求,比如做诗、做对,抽到的人要按照签上的要求去做。白居易的“花时同醉破春愁,醉折花枝当酒筹”,说的就是这种酒令。到宋代的时候,酒筹变成了纸,当时叫“叶子”,纸上面画有故事,并写清楚要罚几杯。再发展到后来,就有了“叶子戏”,可以说“叶子戏”就是纸牌的起源了。而筹码后来就变成了骨牌,这种骨牌在清末的时候逐渐发展成了麻将,成了另外一种游戏。

后来酒令的发展可谓五花八门。谜语,最初也是在酒桌上出现的,包括灯谜、字谜,还有就是“说大话”。历史上曾有记载,汉武帝的时候,有一次比谁最能说大话,谁就不喝酒。第一个说大话的是丞相公孙弘,他说我只要一喊所有人就都能听见,所以别人叫我“天下嗷丈夫”。接着东方朔说,我生下来只能坐着,因为我一站起来天就会被顶破。最后汉武帝判定,“天下嗷丈夫”输,因为你只会大声喊,罚喝酒。

既然酒令是一种游戏、一种竞赛,那就有一个公平性的问题,所以行酒令的时候是有裁判的,这个裁判就叫酒监。酒令的“令”字,就有强制的意思,约束的意思,要保证大家都按照这个秩序来实行。一般做法是:酒席上推一人为令官,余者听令,按一定的规则或猜拳,或猜枚,或巧编文句,或进行其他的游艺活动,负者、违令者、不能完成者,都要被罚饮酒。如果遇到同喜可庆的事项时,则共同庆贺之,称为“劝饮”,有奖勉之意。相对而言,酒令是一种公平的劝酒手段。在酒令活动中,人们凭的是智慧和运气,并按一定的规矩行事,因此酒令也是酒礼的表现形式之一。

(三)酒道

酒道即喝酒的精神,中国古代酒道的根本要求就是“中和”二字,贯穿“礼”的精神。它提倡饮酒要以不影响身心、不影响正常生活和思维规范、不产生任何不良后果为度。对酒道的理解,不仅是着眼于饮前、饮后的效果,而且贯穿于酒事的自始至终,认为饮酒“庶民以为欢,君子以为礼”,合乎“礼”就是酒道的基本原则。随着历史的发展,时代的变迁,礼的规范也在不断变化中,酒道也更趋实际和科学化。由传统“饮惟祀”,即对天地鬼神的崇拜,转化为对尊者、长者、宾客之敬。以美酒表达悦敬的心理,在饮酒中不过量,适可而止,体现传统的“中和”精神。“敬”“欢”“宜”这三个字可概括为中国的酒道精神。

酒道是中国酒文化的重要组成部分,是酒文化最直观、最生动的表现,可分为北派粗犷豪爽型和南派优雅细腻型,可分为官场型和江湖型,可分为礼仪型和居家型,也可按上面提到的地域文化分类。例如,婚丧嫁娶之酒属于礼仪型,结拜金兰、发誓立咒属于江湖型,“敬酒”“罚酒”属于官场型。而“划拳”则更复杂,它既可分南北,也可按地域文化划分,甚至可分为传统型和现代型。它是中国“酒道”最丰富、最具活力的“主流力量”。“二红喜呀! 三结义呀……”这既是北派风格又属传统型。而四川一带流行的“三国拳”则属于地域型或传统型,它的产生源自于蜀汉政权的统治影响。如今流行的“棒棒拳”“警察与小偷”“美女与色狼拳”等自然是典型的现代“酒道”。这也说明中国的“酒道”在不断发展,以至国际影视巨星成龙特意在好莱坞大片《龙旋风》中插入“划拳”一节来向世界观众展示中国酒文化。

还有一种叫“咂酒”,意为用舌头品尝酒的意思,是一种注重细腻品位的饮酒之道,它属于南派风格,而如今却在逐渐消失,在川北少数民族聚居区仍留有影响,甚至当地推出了以“咂酒”命名的瓶装酒。

我们到全国各地走一走,看一看,可以发现更多的“酒道”,它们不一定都具有文化开发价值,但可以肯定的是,在文化市场日益细分的今天,它能为我们提供更多有益的借鉴。在被遗忘、被忽略的情况下,中国酒道顽强的生存和发展也证明了其自身的重要价值。

五、文人与酒

人们的喜、怒、哀、乐、悲、欢、离合等种种情感,往往都可能借酒来抒发和寄托。

我国历史上的文人,大都与酒结下了不解之缘。古今不少诗人、画家、书法家,都因酒兴致勃发而才思横溢,下笔有神,酒酣墨畅,他们不是咏酒写酒,就是爱酒嗜酒,特别是嗜酒的文人,大都被赋予与酒有关的雅号,比如“酒圣”“酒仙”“酒狂”“酒雄”“酒鬼”“醉翁”等,他们留下的脍炙人口的诗词歌赋,生动有趣的传说故事给后人留下了许多美好的回忆。

三国时期的政治家、军事家兼诗人曹操在《短歌行》中写道:“对酒当歌,人生几何? 譬如朝露,去日苦多。慨当以慷,忧思难忘。何以解忧? 唯有杜康。”这首诗生动再现了曹操“老骥伏枥,志在千里”的豪迈气概和建功立业的雄心壮志,也可以说是文人“借酒消愁”的代表作。

晋代有名的“竹林七贤”远离官场,隐逸是他们的主要生活态度。他们在竹林中游宴,饮美酒、谈老庄、作文赋诗。阮籍是“竹林七贤”之一,他与六位竹林名士一起美酒清谈,演绎了一个个酒林趣事。阮籍饮酒狂放不羁,但最令世人称道的还是他以酒避祸,开创了醉酒掩盖政治意图的先河。司马昭想为其子司马炎向阮籍之女求婚,阮籍既不想与司马氏结亲也不愿得罪司马氏,只得以酒避祸,一连沉醉60多天不醒,最后靠着醉酒摆脱了这个困境。

东晋的田园诗人陶渊明写道:“酒中有深味。”他的诗中有酒,他的酒中有诗。他的诗篇与他的饮酒生活,同样有名气,为后世所称颂。他虽然官运不佳,只做过几天彭泽令,便作《归去来兮辞》,但当官和饮酒的关系却是那么密切,少时衙门有公田,可供酿酒,他下令全部种粳米作为酒料,连吃饭大事都忘记了。还是他夫人力争,才分出一半公田种稻,弃官后没有了俸禄,于是喝酒就成了问题。然而回到四壁萧然的家,最初使他感到欣喜和满足的竟是“携幼入室,有酒盈樽”。但以后的日子如何可就不管了。

唐朝诗人白居易一向以诗、酒、琴为三友。他自名“醉尹”,常常以酒会友,引酒入诗,“绿蚁新醅酒,红泥小火炉。晚来天欲雪,能饮一杯无?”(《问刘十九》)“春江花朝秋月夜,往往取酒还独倾。”(《琵琶行》)这都是他嗜酒的佐证。他一生不仅以狂饮著称,而且也以善酿出名。他为官时,分出相当一部分精力研究酒的酿造。他认为酒的好坏,重要的因素之一是看水质如何。但配方不同,也可使“浊水”酿出优质的酒。白居易就是这样,他上任一年多自惭毫无政绩,却为能酿出美酒而沾沾自喜。在酿造的过程中,他不是发号施令,而是亲自参加实践。

诗仙李白,是唐代首屈一指的大诗人。李白一生嗜酒,与酒结下了不解之缘。据统计李白1050首诗文,说到饮酒的有170首。在他写的那些热烈奔放、流光溢彩的著名诗篇中,十之七八不离“酒”。他欣喜惬意时不忘酒:“人生得意须尽欢,莫使金樽空对月。”“将进酒,杯莫停!”“烹羊宰牛且为乐,会须一饮三百杯。”“钟鼓馔玉不足贵,但愿长醉不愿醒。”(《将进酒》)怀念亲友,与亲友分离时,酒又成了必不可少的寄情物:“抽刀断水水更流,举杯消愁愁更愁。”(《宣州谢朓楼饯别校书叔云》)生活中遇到忧愁、伤感、彷徨之时,也要借酒排遣与抒情:“金樽清酒斗十千,玉盘珍馐值万钱,停杯投箸不能食,拔剑四顾心茫然。”[《行路难》(其一)]“醒时同交欢,醉后各分散。”(《月下独酌》)在谈到功名利禄时“且乐生前一杯酒,何须身后千载名”[《行路难》(其二)]即使是在怀古的诗作中也没有离开酒:“姑苏台上乌栖时,吴王宫里醉西施。”(《乌栖曲》)真可谓诗酒不分家。当时杜甫在《饮中八仙歌》中极度传神地描绘了李白:“李白斗酒诗百篇,长安市上酒家眠。天子呼来不上船,自称臣是酒中仙。”李白故有“酒仙”之称。为了怀念这位伟大的诗人,古时的很多酒店里,都挂着“太白遗风”“太白世家”的招牌,此风曾一度流传到近代。

“白日放歌须纵酒,青春作伴好还乡”(《闻官军收河南河北》)是唐代“诗圣”同时也是“酒圣”杜甫的佳句。据统计,杜甫现存的1400多首诗中,涉及酒的有300多首,占总量的21%。和李白一样,杜甫一生也是酒不离口。杜甫在同李白交往中,两人在一起有景共赏,有酒同醉,有情共抒,亲如兄弟,“醉眠秋共被,携手同日行”(《与李十二白同寻范十隐居》)就是他们友谊的最生动写照。同样,诗人壮游天下过程中,无论是游历京城、寓居成都,还是辗转于长江三峡与湘江之上,都始终以酒为伴。晚年的杜甫靠朋友接济为生,但还是拼命地痛饮,以致喝了太多酒,衰弱之躯难以承受,在凄凉的一个晚上病逝于湘江的一条破船上。

唐代诗人王维的《渭城曲》:“渭城朝雨浥轻尘,客舍青青柳色新。劝君更尽一杯酒,西出阳关无故人。”可谓情景交融,情深意切,当时就谱曲传唱,至今仍受人们的喜爱。

北宋著名的文豪苏轼爱饮酒,他在《虞美人》中写道:“持杯月下花前醉,休问荣枯事。此欢能有几人知,对酒逢花不饮,待何时?”从他的“明月几时有,把酒问青天”也能感受到苏东坡饮酒的风度和潇洒的神态。苏轼一生与酒结下不解之缘,到了晚年,嗜酒如命。他爱酒、饮酒、造酒、赞酒。在他的作品中仿佛都飘散着酒的芳香。大家都说,是美酒点燃了苏轼文学创作灵感的火花。苏门四学士之一的黄庭坚曾说,苏轼饮酒不多就烂醉如泥,可醒来“落笔如风雨,虽谑弄皆有意味,真神仙中人”。著名的诗句“欲把西湖比西子,淡妆浓抹总相宜”(《饮湖上初晴后雨二首·其二》)就是苏轼在西湖湖心亭饮酒时半醉半醒的乘兴之作。

在苏轼的《和陶渊明〈饮酒〉》诗中写道:“俯仰各有态,得酒诗自成。”这就是说外部世界的各种事物和人的内心世界的各种思绪,千姿百态,千奇百怪,处处都有诗,一经喝酒,这些诗就像涌泉一样喷发而出,这是酒作为文学创作的催化剂的最好写照。

北宋著名散文家欧阳修是妇孺皆知的醉翁(自号),他那篇著名的《醉翁亭记》从头到尾一直贯穿一股酒气。山乐水乐,皆因为有酒。“醉翁之意不在酒,在于山水之间也。山水之乐,得之心而寓之酒也”。无酒不成文,无酒不成乐。

南宋著名女诗人李清照的佳作《如梦令·昨夜雨疏风骤》《醉花阴·薄雾浓云愁永昼》《声声慢·寻寻觅觅》堪称酒后佳作。

“昨夜雨疏风骤,浓睡不消残酒。试问卷帘人,却道‘海棠依旧’。知否,知否,应是绿肥红瘦。”

“薄雾浓云愁永昼……东篱把酒黄昏后,有暗香盈袖。莫道不消魂,帘卷西风,人比黄花瘦”。

“寻寻觅觅,冷冷清清,凄凄惨惨戚戚。乍暖还寒时候,最难将息。三杯两盏淡酒,怎敌他,晚来风急!雁过也,正伤心,却是旧时相识。”生动地表现了作者喜、愁、悲不同心态下的饮酒感受。

书圣王羲之曾在山阴(今浙江绍兴)兰亭聚会文友 41 人,众人饮酒赋诗,汇诗成集,王羲之即兴挥毫为此诗集写序,这便是有名的《兰亭序》。“流觞曲水,列坐其次。虽无丝竹管弦之盛,一觞一咏……”至今脍炙人口。

明清两朝产生了许多著名的小说家。他们在小说中都有很多关于酒事活动的生动描写,比如施耐庵著的《水浒传》中的“景阳冈武松醉酒打猛虎”“宋江浔阳楼酒醉题反诗”;罗贯中在《三国演义》中写道“关云长停盏施英勇,酒尚温时斩华雄”,曹操与刘备“青梅煮酒论英雄”;曹雪芹在《红楼梦》中描写“史太君两宴大观园,金鸳鸯三宣牙牌令”等。

清代画派“扬州八怪”中的郑板桥、黄慎等都极爱酒酣时乘兴作画,据说常有“神来之笔”。这一时期,《醉翁图》《穿云沽酒图》一类的绘画创作也大都属于此。

现代文学巨匠鲁迅笔下的“咸亨酒店”,在今天还吸引了许多慕名前来参观的中外游客。他们喝绍兴老酒,吃茴香豆、豆腐干,兴趣无穷,整个酒店洋溢着中国酒文化的浓郁风味。

本章小结

酒文化和茶文化是中国饮食文化极其重要的组成部分。酒文化和茶文化的内容丰富多彩。本章对酒、茶的起源与发展,我国名酒、名茶进行了简介,还对独具特色的中国茶艺进行了简要介绍,希望大家对酒文化和茶文化有一个全面、系统的了解。

思考与练习

一、基本训练

(一)概念题

1.饮料

2.茶

3.发酵酒

(二)选择题

1.下列茶中,属特半发酵茶的是(　　)。

A.西湖龙井　　B.白毫银针　　C.铁观音　　D.祁门红茶

2.下列名酒中,被公认为中国“国酒”的是(　　),属浓香型酒的是(　　)。

A.五粮液　　B.泸州老窖特曲　　C.茅台酒　　D.洋河大曲

3.中度酒,酒液中酒精含量在(　　)。

A.20%~40%　　B.20%以下　　C.40%以上　　D.40%~60%

(三)简答题

1.中国茶分为几类?

2.简述中国酒的起源。

3.简述酒礼、酒令和酒道。

(四)问答题

1.举例说明中国名茶各有什么特点?

2.中国名优白酒有哪些?各获得哪些荣誉?

二、理论与实践

(一)分析题

1.茶人应具备什么样的礼仪规范?各种礼仪代表什么含义?

2.分析说明中国著名的黄酒沉缸酒三次沉浮的真正含义。

(二)实训题

试一试冲泡乌龙茶。

第五章　中国饮食筵宴文化

课前导读

中国筵宴是中国饮食文化与烹饪艺术的集中表现，满汉全席、千叟宴至今令世人叹为观止。中国筵宴起源于何时？又具有哪些特征等？都是本章所要重点阐述的内容。

学习目标

- 了解中国筵宴的起源
- 了解中国筵宴的技术与艺术
- 掌握中国筵宴的配菜原则

第一节　中国筵宴的起源和发展

古往今来，筵席宴会（简称为筵宴）渗透到社会生活的各个领域，大至国际交往，小至生儿育女，各个时代、各个地域、各个民族、各个家庭、各个场合都离不了它。中国自古有“民以食为天”“食以礼为先”“礼以筵为尊”“筵以乐为变”的说法，筵宴蕴含着文化、科学、艺术与技能，是中华饮食文化的主旋律之一。中国筵宴起源于原始的聚餐和祭祀等活动中，其发展历程与整个中国饮食文化发展历程相一致。

一、筵宴的萌芽时期

中国筵宴是在新石器时代生产初步发展的基础上，因习俗、礼仪、祭祀等活动的产生而由原始聚餐演变出现的。

中国先民最初过着群居生活，共同采集、渔猎，然后聚在一起共享劳动成果。

随着历史发展，开始农耕畜牧，聚餐逐渐减少，但在丰收时仍然要相聚庆贺，共享美味佳肴，同时载歌载舞，抒发喜悦之情。《吕氏春秋·古乐篇》载："昔者葛天氏之民，三人操牛尾，投足以歌八阕。"此时聚餐的食品比平时多，而且有一定的进餐程序。另外，当时人很少了解自然现象和灾异产生的真正原因，便产生了原始宗教及其祭祀活动。人们认为，食物是神灵所赐，祭祀神灵就必须用食物，一是感恩，二是祈求神灵消灾降福，获得更好的收成，而这些祭祀仪式后往往会有聚餐活动，人们共同享用作为祭品的丰盛食物。到人工酿酒出现之后，这种原始的聚餐便发生质的转化，从而产生了筵宴。在中国，有文字记载的最早筵宴是虞舜时代的养老宴。《礼记·王制》言："凡养老，有虞氏以燕礼。"孔颖达解释说："燕礼则折俎有酒而无饭也，其牲用狗。谓为燕者。"《诗》毛传云："燕，安也，其礼最轻，行一献礼毕而脱履升堂，坐以至醉也。"燕，即宴，这种养老宴是先祭祖，后围坐在一起，吃狗肉，饮米酒，较为简朴、随意。

二、筵宴的初步形成时期

到夏商周三代，筵宴的规模有所扩大，名目逐渐增多，并且在礼仪、内容上有了详细的规定，筵宴进入初步形成时期。

夏朝敬老之风尚存，还增添了"飨礼"。它的菜品稍多，但酒仍受到限制，依然体现尊贤的传统。夏启袭位后，还在钧台（今河南禹县北门外）举行过盛宴，招待众部落酋长，扩大了筵宴规模。夏桀当政，追逐四方珍异，筵宴渐开奢靡之风。

殷商时期，筵宴在祭神活动中得到发展。殷人嗜酒，喜好群饮，菜品已较丰盛。那时的餐具多按 1～3 人席设计，除了碗、勺、杯外，其余都是共用，并且盘、豆、盆、钵的圈足与器座高度，已与席地而坐者的位置相适应，这是一进步。纣王当政，荒淫无道，搞起酒池肉林大宴，开了冶游夜宴的先河，为长夜之饮，最终导致灭亡。

周朝筵宴变化甚大。由于周人"事鬼敬神而远之"，酒席名正言顺为活人而设，出现"大射礼""乡饮酒礼""公食大夫礼"等诸多名目，祭祀色彩逐步淡化。特别是接受了夏、商亡国的教训，对饮酒加以节制。同时周公制礼作乐，严格按等级制确定筵宴的规格，酒宴较以前正规多了。不过，周天子的饮宴也相当奢侈，他一餐饭需准备 6 种粮食、6 种牲畜、6 种饮料、8 种珍馐、120 道菜和 120 种酱。诸侯请士大夫赴宴，也有正菜 33 道，加菜 12 道，这即是以菜品数量衡定筵宴等级的起源。

此外，周朝以后筵宴的规格、档次也较为齐全，饮食品种及其在筵席上的陈列方式也因礼的不同而不同。虽然这些对于筵宴的各种规定或许没有被当时人完全实行，但也说明筵宴在当时备受人们重视，并且已有了极大的发展。

三、筵宴的蓬勃发展时期

从秦汉到唐宋时期,在经济飞速发展、筵宴之风日益盛行等因素的影响下,中国筵宴在许多方面发生了新的变化,有了蓬勃发展。

秦朝时间虽不长,筵宴也有发展,特别是咸阳和巴蜀,饮食市场繁荣,民间的婚寿喜庆酒宴都操办得较为隆重。

汉初,宴饮较为简单,后来国力殷实,宴乐又蓬勃兴起,并且注重规范。此时习惯在高堂上铺设帷帐,酒筵摆在锦幕之中。从出土的文物可看到,餐饮器物由厚重趋向轻薄,多以漆器为主。那时仍是两三人席坐对饮,有侍者斟酒布菜,有乐伎表演歌舞。至于民间,礼乐宴请之风也很盛行。

魏晋时代,以晋武帝为首的西晋士族集团生活奢华,甚至有"食必尽四方珍美,一日之供,以钱二万"的人。此时"文酒之风"勃兴,曹操筑铜雀台,曹丕筑建章台和凌云台,曹植宴定乐观,张华搞园林会,虽都出自以文会友、网罗人才的目的,但这些文会的雅境、雅情、雅菜、雅趣,对中国筵宴的健康发展有着积极、深远的影响。

到了南北朝,筵宴的演变出现三大特点。第一,有了类似矮桌的条案,改善了就餐环境与卫生条件;同时朱墨相间的漆器餐具大放光彩,这不仅控制了菜品的分量,而且也为摆台技艺的发展提供了条件,使筵宴逐步趋向于小巧雅丽。第二,筵宴的名目增多,像帝王登基宴、封赏功臣宴、省亲敬祖宴、游猎登高宴、汤饼宴、团年宴等,都呈现出各自的特色,这对中国筵宴种类的多样化是一个促进。第三,随着佛教的流行,信徒茹斋成风。在此基础上,京畿地区和江南孕育出早期的素宴,充实了中国筵宴的内容,使得中国宴饮习俗日益在丰富多彩。

隋朝仅有两代,酒筵承上启下,只留下"云中宴""湖上宴""龙舟宴"等少数席单,反映出隋炀帝骄奢淫逸的生活,在筵宴史上是一个过渡阶段。

唐及五代,由于封建经济飞速发展,科学文化相当发达,对外交往频繁,国力空前强盛,筵宴的发展进入了一个全新的时期,主要表现为:

第一,出现高足桌和靠背椅,铺桌帷,垫椅单,开始使用细瓷餐具,从《韩熙载夜宴图》中看到,贵族聚饮仍是1~3人一席,有丝竹佐饮,肴馔整齐,器皿济楚,陈设雅丽,礼食的情韵较浓厚。

第二,讲究借景为用,妙趣天成。像唐玄宗在长春殿举行的"临光宴"、扬州官府举行的"争春宴"、白居易在水上举行的"游篓宴",以及"樱桃宴""红云宴""避暑宴"等,或观灯,或赏花,或泛舟,或玩月,注重情感愉悦和心理调适,追求一种高雅的格调。

第三,唐中宗时出现大臣拜官后向皇帝进献"烧尾宴"的惯例,这种贡宴菜品多达五六十道,为宋、清两代超级大宴的调排奠定了基础。

第四,筵宴用料已从山珍扩大到海味,由畜禽拓展到异物,菜肴花式推陈出新,烹调工艺品日益精细。

第五,乡土风味筵宴层出不穷。孟浩然描写的“襄阳村宴”,李白写的“安陆乡宴”,杜甫写的“长安家宴”,后蜀主孟昶之妃花蕊夫人写的“成都船宴”,都是以特异的才情和浓郁的乡味取胜。

第六,孕育在春秋、演化在汉魏的酒令,在此时发展很快。士、农、工、商无不都以这种佐饮助兴的词令相游戏为乐,使得筵宴的气氛更为欢悦。

两宋时期,名筵更多,举其要者,便有宋仁宗大享明堂礼、宋太宗玉津园盛宴等。此类大席,很重铺排,像集英殿举行的宋皇寿筵,仅摆设就有仰尘、激壁、单帏、搭席、帘幕、屏风、绣额、书画等10余种,以饮9杯寿酒为序,上20多道菜点,演出10多种大型文艺节目,动用了数千人张罗。这时在饮食市场上,出现了专管民间吉庆宴会的“四司六局”,其分工合作,任凭呼唤,把备宴的一切事务都承揽下来,有利于筵宴的标准化、商品化。此外,由饤、饾演变而来的“看盘”,也出现在市场酒筵上,为席面生色不少,并且汴京、临安的正店大都使用清一色的银器或细瓷餐具,这种气派更是前所未有的。

四、筵宴的成熟兴盛时期

元明清时期,随着社会经济的繁荣以及各民族的大融合等,中国筵宴日趋成熟,并且逐渐走向鼎盛。

元朝是蒙古族统治的时代,受其影响,这一时期的筵宴最突出之处是饮食品更多地拥有了少数民族乃至异国情调。在当时的宴会上,几乎少不了羊肉菜肴和奶制品,而且所占比重较大,烈酒的用量也颇为惊人。一些官吏赴宴,常常用特制的可容纳数石的玉质或瓷质“酒海”盛酒,不分昼夜,不醉不休,有时连续欢宴数十天。其特色是:一是菜品多为羊馔、奶食,适当铺以其他荤素材料,烹制技法也是以烧烤为主,崇尚鲜、咸,像元代大型烤肉席、全羊席都是如此。南方的酒筵尽管重视鱼鲜,但是羊、奶制品仍占有较大的比例。二是烈酒用量甚大,多用特制的“酒海”盛装,其容量可达数石。三是在宋时“看盘”的启迪下,筵宴上增设小果盒、大香炉、花瓶等饰物,供酒客玩赏,使摆台艺术得到了进一步的发展。元人还特别重视祭筵,宫廷所用的祭品常由得力的大臣亲率猎队,专门捕获纯马、红牛、白羊、黑猪和黄鹿上供,敬献六酿六蒸的马奶酒,气氛庄严肃穆。此外,元代的“诈马宴”甚为特异,由宫廷或亲王在盛大节庆时举行,摆全羊大菜,用歌舞助兴,欢聚数日。赴宴者必须穿皇帝赏赐的由回族织衣匠特制的同色“质孙服”,一日一换。

到了明清两朝,中国筵宴进入成熟兴盛时期,主要表现在三个方面:一是筵宴设计有了较为固定的格局。当时的筵宴主要分为酒水冷碟、热炒大菜、饭点茶果等三个层次,依序上席。其中,常常由热炒大菜中的“头菜”决定宴会的档次和规格。二是筵宴用具和环境舒适、考究。自明朝红木家具问世以后,筵宴也开始使用八仙桌、大圆桌、太师椅、鼓形凳等,十分有利于人们舒适的进餐与交谈。在筵宴环境方面,讲究桌披椅套和餐具搭配、字画的装饰以及进餐地点的选择。当时比较隆重的筵宴已经是“看席”与“吃席”算列,并配有成套的餐具。设宴地点则常常根据不同季节进行选择,最佳之处是春天的柳台花榭,夏天的水边林间,秋天的晴窗高阁,冬天的温暖之室,目的是追求“开琼筵以坐花,飞羽觞而醉月”的情趣。三是筵宴品类、礼仪等更加繁多甚至烦琐。仅以清朝宫廷筵宴为例,改元建号时有定鼎宴,过新年时有元日宴,庆祝胜利有凯旋宴,皇帝大婚有大婚宴,皇帝过生日有万寿宴,太后生日有圣寿宴,此外还有冬至宴、宗室宴、乡试宴、恩荣宴、千叟宴等,而最具影响力的是满汉全席。据《清史稿》载,雍正四年(公元1726年)正式规定了元日宴的礼仪、陈设、席次、宴会上演奏的音乐和表演的舞蹈,赴宴者行三跪九拜之礼就达十余次。

五、筵宴的繁荣创新时期

20世纪以来,特别是改革开放以后,随着社会经济的高速发展、时代浪潮的冲击和中西交流日益频繁,中国人的生活条件和消费观念发生了很大变化,在饮食上更加追求新、奇、特和营养、卫生,促进了筵宴向更高境界发展,从而进入繁荣创新时期。

在这一时期,中国筵宴至少具有三方面的特点:

其一,传统筵宴不断改良。由于时代变革,消费观念等的变化,中国传统筵宴越来越显示出其不足:如菜点过多、时间过长、过分讲究排场、营养比例失调、忽视卫生等问题,造成人物和时间的严重浪费,损害了身体健康,因此从20世纪80年代以来就开始针对传统筵宴不足进行改革。全国许多城市的宾馆、饭店、酒楼等都做了大量的尝试,力求在保持其独有饮食文化特色的同时更加营养、卫生、科学、合理。

其二,创新筵宴大量涌现。为了满足人们新的饮食需求,饮食制作者在继承传统的基础上不断创新,设计制作出大量别具风味的特色筵宴,如姑苏茶肴宴、青春健美宴、西安饺子宴、杜甫诗意宴、秦淮景点宴等,或以原料开发见长,或以食疗养生见长,或以地方风情见长,不一而足。《中国筵席宴会大典》记载,姑苏茶肴宴是20世纪90年代全国旅游交易会上推出的创新筵宴。它将菜点与茶结合,开席后先上淡红色似茶又似酒的茶酒,接着上芙蓉银毫、铁观音炖鸡、鱼香鳗球、龙井筋页汤、银针蛤蜊汤等用名茶烹饪的佳肴,再上用茶汁、茶叶做配料的点心玉兰茶糕、茶元宝等,让人品味后身心俱爽、飘飘欲仙。

其三,引进西方宴会形式,中西结合。随着西方饮食文化的大量进入,受其影响,中国出现了冷餐酒会、鸡尾酒会等宴会形式。冷餐酒会又称冷餐会,是20世纪初由欧美国家传入中国的一种西餐宴会形式。它的饮食品以冷菜为主、热菜为辅,配以点心、小吃、酒水、冷饮与瓜果;在桌椅的设置上,除设公用菜台外,无固定席位,客人可以随意选用饮食品。通常有两种情形,一是设主宾席和不定座次的小方桌,坐椅散置,以便让客人自由落座,二是只设小桌,不配置坐椅,客人站立就餐。冷餐酒会因其自在随意、不受拘束、适宜广泛交际等特点,受到许多中国人的喜爱,并被用于中国宴会中,只是在菜点选择上使用中式菜点,可以说是中西结合。

第二节 中国筵宴艺术与技术

一、中国筵宴的主要形式

(一)聚餐式

聚餐式筵宴是中国筵宴在形式上的重要特征。筵宴是隆重的餐饮聚会,当然是重在聚和餐。中国传统的筵宴讲究多人围坐在一起,边吃边谈,在高桌大椅尤其是八仙桌、大圆桌出现以后,最普遍、最习惯采用的进餐方式是合餐,因为这种进餐方式对聚餐有很好的促进和强化作用。此外,筵宴的就餐者有主有宾,主人是办宴的东道主,负责对筵宴的安排、调度,而宾客则包括主宾和一般宾客,其中,主宾是筵宴的中心人物,常常处于最显要的位置,筵宴的一切活动大多是围绕主宾进行的,换句话说,筵宴是围绕主宾进行的一种隆重的聚餐活动,因此它的一个重要特征必然是聚餐式。

(二)规格程式化

规格程式化是中国筵宴在内容上的重要特征,主要指筵宴上的饮食品、服务与礼仪等都有一定的规范与程序。筵宴的饮食品包括菜肴点心及茶酒饮料等,在组合上并不是随心所欲地进行,而是要求品种丰富、营养合理、制作精细、形态多样、味道多变等,常常有一定的格局同时按照一定原则成龙配套。仅以四川筵宴为例,清朝末年,受满汉全席的影响,筵宴的格局较为复杂;辛亥革命以后,其格局在继承传统的基础上删繁就简、努力接近经济实惠,为顾客节省了开支,深受顾客的喜爱和称赞。后来,四川筵宴不断加以调整和完善,形成了三段式的基本格局,即冷菜与酒水,热菜与小吃、点心,饭菜与水果。筵宴采用三段式的基本格局确实简洁、实惠,却很容易显得单调、乏味,因此人们又对三段式的基本格局作了补充,在冷菜上常常采用不同的形式,或用5个至13个不等的单碟,或用中盘带6至10个围碟,或用5至13格的攒盒，或用拼盘、对镶碟等；在热菜上也常常有5至12道菜肴，即头菜、酥香菜、二汤、行菜、鱼肴、素菜、甜菜、座汤等，如此一来，筵宴既简洁又不简单，虽实惠却不乏味，做到了简与丰的和谐统一。

筵宴的各种服务与礼仪包括环境装饰、台面布置、座位安排与迎宾、安坐、祝酒、奏乐、上菜、送客等，都有相应的规范和程序。如在台面布置上，餐具和布件的选择与摆放大多讲究一物多用，并追求意趣美。其中，筷子是一物多用的典范。最初，它与形似今日羹匙的匕同时使用，以匕食用饭粥和羹汤，以筷子夹食羹汤中的菜肴。后来，匕的名称逐渐消失而统一称"匙"，其用途也逐渐缩小，多用来食羹汤，而筷子的用途则逐渐扩大，几乎能够取食餐桌上所有的菜肴和饭粥、面点，即使在有上百个菜点的满汉全席上，也常常是摆一双筷子来完成进餐的全部任务。而餐巾的摆放、使用则体现出中国人对意趣美的追求。餐巾在中国古代称作巾，主要是用来遮盖食物，但不同的场合、不同的人有不同的选择。《周礼·天官》载："幂人：掌共巾幂。祭祀，以疏布巾幂八尊，以画布巾幂六彝。凡王巾皆黼。"唐代贾公彦的《周礼义疏》解释说，周朝时期，周天子在日常筵宴上使用绣有黼的巾，这是因为黼是一种黑白相间如斧行的花纹，有"断割之义"，而周朝以武力得天下、尚武。可以说，餐巾在中国一开始使用就有独特的意蕴。到清代时，餐巾又称作"怀挡"，主要是就餐时使用，它的一角有扣襻，便于套在衣扣上，但是仍然具有独特的表情达意功能，只有皇帝才能使用明黄色绸缎制作绣有龙和福寿图案的餐巾。时至今日，餐巾很少绣花，却较多地根据筵宴的主题和目的折叠成相应的生动、有意蕴的形象。如在迎宾的筵宴上，常把餐巾折叠成迎宾花篮、孔雀开屏的花形，表达欢迎、友好之情；在结婚与祝寿的筵宴上，又把餐巾折叠成鸳鸯、仙鹤等形状，表达美好的祝愿等。此外，在筵宴进行过程中，先上什么菜肴、后上什么菜肴，有比较固定的规范和顺序；什么时候饮酒、什么时候吃饭、什么时候吃水果等，也有一定的程序和节奏。

（三）社交娱乐性

社交娱乐性，是中国筵宴在功能作用上的重要特征，常常通过筵宴上的语言、行为以及各种娱乐活动等表现出来。筵宴上的语言、行为较多地体现出它的社交性。《礼记》言："酒食所以合欢也。"所谓合欢，是指亲和、欢乐。中国的筵宴从开始到结束，基本上是欢声笑语贯穿其中，人们不仅通过相互交谈而且通过夹菜敬酒等言行，结交朋友、疏通关系、增进了解、表达情意以及获取帮助、解决问题等，使其具有很强的亲和力与社交性。在筵宴上，主人常常率先殷勤地给宾客夹菜，接着宾主之间、宾客之间都开始夹菜，一派其乐融融的景象。虽然有时一个"好菜"被几双甚至十几双筷子传递后又物归原主，出现了卫生等问题，但人们却从中得到了情感的交流与满足。敬酒以及劝酒，在中国古今筵宴上似乎比夹菜还不可缺少。主人常常采用各种方式千方百计地给宾客尤其是主宾敬酒、劝酒，宾客则频频回敬、劝让，在觥筹交错之中各种感情得到表现和加深，以至于一些地方、一些人把饮酒的多少与感情的深浅联系在一起，出现了“感情深，一口闷；感情浅，舔一舔”的说法，这虽然不够正确、全面，却也表明敬酒、劝酒是筵宴体现社交性的重要手段。

筵宴上的各种娱乐活动更多地体现了它的娱乐性。其中，历史最悠久且延续至今的娱乐活动是“以乐侑食”。它早在商周时期就已经开始。《周礼·天官》记载“以乐侑食，膳夫授祭，品尝食，王乃食。卒食，以乐彻于造”，即君王在宴会上，用音乐相伴进餐，剩下的菜点还要在乐曲声中撤下。《诗经》中的《宾之初筵》更描绘了人们在筵宴上翩翩起舞、热闹而快乐的情形。从周代以后，观赏音乐和歌舞表演，或自歌自舞、自娱自乐，成为宴会上一种经久不衰的风俗。唐代是筵宴上“以乐侑食”的鼎盛时期。从唐太宗开始，宫廷大宴上就推出了《九部乐》，包括汉族传统的乐曲和天竺、高丽、西域的外来歌舞。唐玄宗时，除了最著名的《霓裳羽衣曲》，还有拓枝舞、健舞、软舞、字舞、花舞、马舞等，让人目不暇接。皇帝大臣们在宴会上常常情不自禁地离席起舞。在民间宴会上，也处处飞扬着音乐之声。王维的诗歌《送元二使安西》被配上曲子，成为《阳关三叠》，在宴会上尤其是送别的宴会上广为传唱。唐代以后，宴会上的歌舞大多由技艺精湛的专业人员表演，而且以歌曲为主、舞蹈为辅，但是进餐者在情绪大受感染时也会唱和。张岱的《陶庵梦忆》卷七记载了一次气势恢宏的宴会：“在席七百余人，能歌者百余人，同声唱《澄湖万顷》，声如潮涌，山为雷动。”百人同唱一首歌，除了自娱白乐，更有一股撼人心魄的力量。可以说，中国人在筵宴上把音乐发挥到极致，不仅观赏，还积极参与、一展才华，参与性、娱乐性都非常强。为了更多地增加其娱乐性，中国人还在筵宴上加入了其他游戏娱乐活动，如武士的射箭、舞刀、舞剑，文人的“曲水流觞”、吟诗作赋，大众化的投壶、划拳、猜谜语、讲笑话、行酒令等。林语堂先生在《生活的艺术》中详细叙述了划拳、行酒令的方法和类别，同时指出，“宴集的目的，不是专在吃喝，而是在欢笑作乐”，“因为中国人只有在这个时候，方露出他的天生性格和完美的道德。中国人如若不在饮食之时找些乐趣，则其他尚有什么时候可以找寻乐趣呢?”为此，他甚至认为中国人的食酒方式中，可以赞美的部分就在声音的喧哗；在一家中国菜馆中吃饭，就好像是置身于一次足球比赛中，划拳声如同足球比赛时助威呐喊一般，韵节美妙。其实，不只是划拳、行令，任何一种娱乐活动，都是为了把快乐推向更高潮。

二、中国筵宴的主要特点

（一）与烹饪原料、器具、技术及就餐环境、服务设施等的发展密切相关，相互促进

丰富的原料品种，精湛、高超的烹调技术，为筵宴肴馔的发展提供了物质条件，

桌、椅的出现又改变了筵宴席地而坐的就餐形式,因此整个筵宴是由简单到复杂的累进发展过程,同时又是不断推陈出新的过程。

（二）礼仪贯穿筵宴发展的全过程

筵宴礼仪包括席礼、茶规、酒礼、宴乐及整个筵宴进程中的各项礼仪规定。在古代筵宴的各种礼制中,座次礼节是食礼的重要内容之一,也是明确尊卑等级的一种重要手段,最能体现宴饮者的高、下和尊、卑,席置、坐法、席层等无不受到严格的礼制限定,违者就是非礼。早在夏商周三代时,人们根据各自的社会地位、身份及宗族关系等就席,宴饮进程因此而井然有序。统治者正是运用这种手段来强化社会秩序,具体而言,统治者对筵宴座制相当看重,就是因为它具有构建一个长幼有序、君臣有别、孝亲尊老、忠君礼臣、层层隶属、等级森严社会体系的功能。隋、唐以后,桌椅出现并迅速普及,人们改席地而坐为垂足而坐,但宴饮坐制的朝向未变。时至今日,坐制礼仪的等级色彩已消失,繁杂的座制细节也有不少被简化。但必要的礼节、礼貌在今天的宴会上仍受人们重视,如敬酒时双方都避席互敬等。此外,今天的宴会座次安排也有些变化,一般宴席用的是八仙桌或圆桌,重要客人往往都安排于面朝门的席位,主人面对客人落座,如此安排是从古代演化而来的。

（三）筵宴的发展受制于政治、经济、文化

政治、经济、文化发展的不平衡,使不同朝代的筵宴都有个兴衰的过程。如汉初宴饮较为简单,后来国力殷实,宴乐又蓬勃兴起,并且注重规范礼仪。再如清皇室是封建社会最后一个封建王朝,其筵宴礼仪在延续几千年宫廷筵宴的基础上,又保留了满民族的饮食特点,它形成于入关前的后金时代,到清中朝的乾隆年间得以完善,乾隆之后开始走下坡路。清代宫廷筵宴由盛到衰的过程,与清代政治、经济文化的消长是一致的。

三、中国筵宴艺术

筵宴是一种特殊的饮食活动,与日常饮膳有明显的不同,常常集中地反映了一个时代、一个地区、一个餐馆或家庭的烹饪技术水平与烹饪艺术水平。其艺术主要体现在筵宴的设计、制作与服务等环节。

（一）筵宴设计

筵宴设计是筵宴成败的基础和前提,涉及面很广,主要有菜单设计、环境设计、台面设计、进餐程序与礼仪设计等。

菜单设计是十分重要的。一份设计精良、色彩丰富得体、漂亮而又实惠的菜单,既是餐台的一种必要点缀,更是最好的推销广告和重要标志,因此,菜单设计不仅要注重内容美,也要注重形式美。在内容方面,必须根据举办者的需要,按照一定的格局与原则,将菜肴、点心、饭粥、果品和酒水组合搭配成丰富多彩的筵宴肴馔;在形式方面,必须把成龙配套的筵宴肴馔通过某种载体呈现出来,让人能够看了就爱不释手,因而菜单的材质、形状、色彩、图案、文字编排等至关重要。

环境设计,包括场地布置、餐室美化、桌椅排放等,必须符合筵宴主题与气氛,新颖别致、特色突出且便于进餐。

台面设计,包括餐台装饰与餐具摆放等,方式多种多样,如花坛式、花盘式、花篮式、插花式、盆景式、雕塑式、镶图式、剪纸式等,要求台面寓意与筵宴主题相一致,高雅大方、简洁明快且有利于进餐。

程序与礼仪设计,主要包括筵宴总体进程、上菜顺序与节奏、服务程序与礼仪等,要求时间恰当、节奏明快、合乎规范。

(二)肴馔制作与筵宴服务

肴馔制作与筵宴服务都直接关系到筵宴的成败。肴馔制作,主要包括原料的选用、烹调加工、餐具配搭等,必须按菜单设计要求,保质、保量、按时将所需的肴馔制作并送出。筵宴服务涉及的内容很多,贯穿整个筵宴的始终,也必须按照设计及要求,在筵宴开始前做好场地布置、餐室美化、桌椅排放、餐台装饰、餐具摆放、迎宾等工作,在筵宴开始后做好上菜、斟酒及其他服务工作。在整个过程中,要求具有祥和、精美、新颖等艺术风格。

1.祥和

祥和,主要指气氛热闹、喜庆。从汉魏六朝时期,中国的大部分筵宴就出现于吉日良辰或特别值得纪念的日子,在拥有美味佳肴的同时,以祥和的气氛表达着人们各种美好的情感或愿望。如一年之中,几乎每个节日都有筵宴。正月里的迎春宴,喜庆、热烈,表达着人们对春天万物复苏的欣喜之情;八月十五的中秋赏月宴,除了能够使人们欣赏自然美景外,更饱含着人们庆祝丰收的喜悦之情和希望亲人团聚的善良心愿;九月九日的重阳宴,因重阳节的九九之数含有长久之意,表达着人们祈求长寿的愿望;除夕的团圆宴,辞旧迎新,喜庆、热烈的气氛达到极点,更表达了人们对新年吉祥如意的渴望之情。又如人的一生之中,几乎在每个重要的阶段都要设宴纪念或庆祝。新生命诞生之初有三朝酒、满月酒、周岁宴等,充满了祥和的气氛,寄托着亲友对小生命健康成长的希望与祝福;成年后的婚宴着力突出热闹、喜庆和欢乐等气氛,寄托着人们对新人新生活和谐美满、白头偕老的祝愿;中老年时期的寿宴常常将宴饮与拜寿相结合,表达着人们对中老年人健康长寿、尽享天伦之乐的祈盼。

2.精美

精美,主要指肴馔精美。中国筵宴虽然有档次之分、豪华气派与经济实惠之分,但在菜点设计、制作上都精益求精,因而许多筵宴具有菜点精美的艺术风格。其中,最具典型意义的是各种全席。

全席主要是指由一种或一类原料为主制作的各种肴馔所组成的筵席。四川的全席大多采用常见的普通原料,如猪、牛、鸭和鱼、豆腐等,再加上一物多用、废物利用等,自然显得经济实惠;但用这些原料为主料制作出的全席却十分巧妙,其菜点丰富、味美。如自贡全牛席是以牛为主料制成的筵席。自贡是盐都,早期生产井盐时便用牛作动力拉辘轳车以提取深井中的盐卤。每过一段时间,就有许多超龄服役的牛被淘汰。人们把淘汰下来的老牛宰杀食用,逐渐形成了颇具特色的烹饪技术,不仅创制了川味名菜"水煮牛肉",而且创制了全牛席。至今,自贡人仍保留着传统的全牛席席单。其中,冷菜有灯影牛肉、拌嫩牛肝、陈皮牛肉、红油千层、冻牛糕、五香口条、金钩芹黄、芥末萝粉;热菜有一品牛掌、锅烧牛脯、竹荪鸽蛋、葱烧牛筋、干烧牛唇、火爆牛肚梁、水煮牛肉、牛馅全鱼、珍珠银耳羹、枸杞牛尾汤;小吃有牛肉小包、牛肉丝饼、牛肉抄手;菜蔬有姜汁豇豆、拌甜海椒、鱼香茄条、香油泡姜等。所用原料极其常见、经济实惠,但菜点却绝不单调乏味,而是独具特色。此外,长江中下游尤其是江南,自古以来有"鱼米之乡"的美誉,则常常用特产的河鲜制作全席,如武汉的武昌鱼席、岳阳的巴陵全鱼席、九江的浔阳鱼席,以及江苏南通的刀鱼席等,虽然都以一种或一类原料为主料,但各自的辅料、形状、质地、烹调方法及味道等又有很大差异,给人以变化万千、无比美妙之感。

3.新颖

新颖,主要指筵宴品种的新颖和组成筵宴的肴馔品种的新颖。筵宴品种的创新在20世纪80年代改革开放以后最为突出。这一时期,随着新的筵宴格局和进餐方式一同产生的新的筵宴品种和形式就有小吃席、火锅席、冷餐酒会、鸡尾酒会等;挖掘古代饮食文化遗产精心仿制的筵宴有红楼宴、三国宴、金瓶梅宴、太白宴、东坡宴等;根据各地民风民俗、特产原料创制的筵宴有东海渔家宴、川西风情宴、深圳荔枝宴、姑苏茶肴宴等。此外,许多餐厅还根据自己的特色菜点创制新的筵宴品种,如开封第一楼包子馆创制出新的什锦风味包子宴,西安德发长饺子馆创制出饺子宴,四川耗子洞张鸭子餐厅创制出新的全鸭席,等等。可以说,筵宴品种层出不穷,并且有许多已被人们喜爱。

菜点品种的创新也突出表现在20世纪80年代改革开放以后,尤其是20世纪90年代以来,菜品的创新速度越来越快,新菜点如风起云涌,源源不断。许多餐饮企业最初要求厨师每月设计、制作出一个或几个新菜品,后来则要求每周创制出一两个新菜品。数量众多的创新菜为筵宴品种的创新奠定了坚实的基础。因此,若将20世纪初、20世纪80年代与21世纪初的筵宴相比就会发现,许多筵宴即使名称相同,如同为豆腐席、全鸭席、全牛席、鱼翅席、海参席等,但各自的内容即菜点组成已大不一样,成了新的筵宴品种。

四、中国筵宴的发展趋势

(一)营养化、卫生化

今天,营养科学更多地被引入烹饪领域,宴会的饮食结构向营养化发展,更趋合理、科学,绿色食品越来越多地在宴会餐桌上出现(如2001年在上海举办的APEC会议,其蔬菜及畜禽肉类一律选用绿色食品,餐桌上没有野生动物)。暴饮、暴食、酗酒、斗酒这类不文明的饮食行为会被人们逐渐认识其危害性而舍弃。筵宴的营养化趋势具体表现形式主要是根据国际、国内的科学饮食标准设计宴会菜肴,提倡根据就餐人数实际需要来设计宴会,要求用料广博、荤素调剂、营养配伍全面、菜点组合科学,在原料的选用、食品的配置、宴会的格局上,都要符合平衡膳食的要求。

卫生趋势主要是由集餐趋向分餐,许多饭店已注意到这方面问题,采用"各客式""自选式"和"分食制",许多高档宴会的上菜基本都是分餐各客制,既卫生又高雅。

想一想

什么是绿色食品?

答:绿色食品是经专门机构认证、许可使用绿色食品标志的无污染的安全、优质、营养类食品。分A级和AA级。

(二)节俭化、精致化

筵宴反映一个民族的文化素质,量力而行的筵宴新风被更多的社会各阶层人士所接受、提倡以至蔚然成风。上万元一桌的"豪门宴",菜肴中包金镶银的奢靡之风乃至捕杀国家明令禁止的野生动物的违法行为会得到了有效的遏制。奢侈将成为历史,提供"物有所值"的宴会产品是未来的主流。讲排场、摆阔气、互相攀比的"高消费"不正之风会随着社会主义"双文明"建设的发展而逐步消失。

筵宴的精致化趋势是指菜点的数量与质量。新式筵宴设计要讲究实惠,力戒追求排场,既应适当控制菜点的数量与用量,防止堆盘叠碗的现象,又需改进烹调技艺,使菜肴精益求精,重视口味与质地,避免粗制滥造。

(三)形式多样化、风味特色化

所谓多样化,即筵宴的形式会因人、因时、因地而宜,显现需求的多样化,而筵宴因适合这种需求而出现各种的形式。

特色化趋势是指筵宴具有地方风情和民族特色,能反映某酒店、地区、城市、国家、民族所具有的地域、文化、民族特色,使宴会呈现精彩纷呈、百花齐放的局面。如对待外地宾客,在兼顾其口味嗜好的同时,适当安排本地名菜,发挥烹调技术专长,显示独特风韵,以达到出奇制胜的效果。

(四)美境化、食趣化

筵宴的美境化趋势主要是指设宴处的外观环境和室内环境布置两个方面。人们特别关注室内环境的布置美,关心宴会的意境和气氛是否符合宴会的主题。诸如宴会厅的选用、场面气氛的控制、时间节奏的掌握、空间布局的安排、餐桌的摆放、台面的布置、台花的设计、环境的装点、服务员的服饰、餐具的配套、菜肴的搭配等都要紧紧围绕宴会主题来进行,力求创造理想的宴会艺术境界,给宾客以美的艺术享受。

筵宴的食趣化趋势是注重礼仪,强化宴会情趣,提高服务质量,体现中华民族饮食文化的风采,能够陶冶情操、净化心灵。如进食时播放音乐,盛大宴会有时还边吃边喝、边看歌舞表演节目。音乐、舞蹈、绘画等艺术形式都将成为现代宴会乃至未来宴会不可缺少的重要部分。

(五)快速化、自然化、国际化

快速化,即筵宴所使用的原料或某些菜肴,会更多地采用集约化生产方式,用工厂加工的半成品乃至成品原料制作的菜肴会出现在宴会的餐桌上。

自然化,即筵宴的地点、场所会进一步向大自然靠拢,举办的场所可能会选择在室外的湖边、草地上、树林里,即使在室内,也要求布置更多的绿叶、花卉来体现自然环境,让人们感受大自然的温馨,满足人们对回归自然的渴望。

烹饪文化的国际交流给中国饮食文化的发展带来新的活力。筵宴的国际化,即筵宴的形式会更向国际标准靠拢,同国际水平接轨,这是改革开放、东西方烹饪文化交流的必然结果,也是迎合各国旅游者、商务客户需要的市场自然选择。

总之,热情好客必将被态度诚恳、彬彬有礼所代替,而强调进餐环境、气氛和服务水准,更加节俭、文明、实效、典雅的新型筵宴观念将会成为社会发展趋势。

第三节 中国筵宴的菜肴组成

一、筵宴菜点组成

中式筵宴菜一般包括冷菜、热炒菜、大菜(包括汤)、甜菜(包括甜汤)、点心、水果六大类。它们的上台顺序也是先冷后热,点心可夹在热炒和大菜中间上。大菜之后是汤,最后上水果。甜菜一般归属于热炒菜,而汤也可以同时是大菜。

(一)冷菜

用于筵宴上的冷菜,可用什锦盘或四个单盘、四双拼、四三拼,也有采用一个花色冷盘,再配上四个、六个或八个小冷盘(围碟)。

(二)热炒菜

一般要求采用滑炒、煸炒、干炒、炸、熘、爆、烧等多种烹调方法烹制,以达到菜肴的口味和外形多样化的要求。筵宴中,一般安排5~8个热炒菜。

(三)大菜

由整只、整块、整条的原料烹制而成或是原料比较名贵装在大盘上席的菜肴,一般采用烧、烤、蒸、炸、脆熘、炖、焖、熟炒、叉烧、汆等多种烹调方法烹制。传统筵宴为体现档次,一般安排4~6个大菜,而现在的筵宴一般在2~4个。在上菜时,有时为了突出某个大菜的分量,也可提前到热炒菜前上,称为头菜。

(四)甜菜

一般采用蜜汁、拔丝、煸炒、冷冻、蒸等多种烹调方法烹制而成,多数是趁热上席,夏令季节也有供冷食的。

(五)点心

在筵宴中常用糕、团、面、粉、包、饺等品种,采用的种类与成品的档次取决于筵宴规格的高低。高级筵宴需制成各种花色点心。点心一般安排2~4道。

(六)水果

筵席除了上述五种菜点外,还有水果,高级筵宴常将水果拼成水果拼盘。

二、筵席菜点结构

在配制筵宴时应注意冷盘、热炒、大菜、点心的成本在整个筵席成本中的比重,以保持整桌筵席中各类菜肴质量的均衡。大菜是整桌筵宴的灵魂,最能体现筵席的档次,应该占一半以上成本;热炒是筵宴的脸面,应丰富多彩,所占成本次之;冷菜是开胃品,数量不多,再次之。因此筵宴较为合理的成本价格分配如下:

一般筵宴:冷盘约占10%,热炒约占40%,大菜与点心约占50%。

中等筵宴:冷盘约占15%,热炒约占30%,大菜与点心约占55%。

高级筵宴:冷盘约占10%,热炒约占30%,大菜与点心约占60%。

三、筵宴菜单

(一)紧扣主题

筵宴都有主题,如婚礼、生日、洗尘、送别等。设计的菜单应尽量体现主题。

1.菜单设计

菜单不仅仅是筵宴的节目单,它更能体现文化品位。高规格的筵宴,菜单应请专业人员专门设计。从用什么材质到款式、色彩、造型等都要讲究,甚至可以设计成工艺品、纪念品。常见的菜单有长方形、扇形、圆形、卷轴等;除各种纸质材料外,还有丝绢、塑料、瓷盘、照片等。

2.菜单内容

菜名可多用颂词,将菜肴色、香、味、形的特色尽可能在菜名里反映出来。比如婚宴,可以安排鸳鸯戏水花色冷盘;欢迎宴,用熊猫造型,甚至可将主宾的名字、单位等在菜点里反映出来。

(二)注重客人饮食习惯及口味特点

筵宴上,客人来自四面八方。制定菜单应先征求主人意见,了解宾客的国籍、民族、宗教、职业、年龄、性别、体质、嗜好、忌讳等,并依此灵活掌握,确定品种,重点保证主宾,同时兼顾其他宾客。如日本人不喜欢荷花,但对豆腐及蔬菜则非常喜欢,因此在制作花色菜肴时就应避免使用荷花,在配菜时应多加考虑豆腐和蔬菜类菜肴。再有,参加筵宴的宾客有各式各样的心理需求,有的注重经济实惠,有的注重环境因素和餐厅档次,有的注重餐馆独特的美味佳肴,有的想体验一下筵宴文化氛围。宾客对筵宴的心理需求也是筵宴组配时应考虑的一个因素。

(三)体现饭店菜品特色

筵宴是推销、介绍饭店的最好机会,因为客人来自各个地方。在筵宴中安排饭店的特色名菜,既能体现饭店厨师的高超手艺,也能反映出饭店的独特个性。

(四)注重菜肴的季节性

筵宴菜肴要根据季节的变化不时更换菜肴的内容,特别应注意配备各种时令菜,甚至是新开发的原料为筵宴生色。烹调方法也要与季节相适应。如寒冷的冬季,筵宴中配些富含脂肪、蛋白质的菜肴,着重用红烧、红焖、火锅、菊花锅等色深而口味浓厚的烹饪方法;夏天则宜用清蒸、烩、冻和白汁等口味清淡的烹饪方法。菜肴中应控制脂肪的含量。

(五)保证菜肴的质量

要从主料、辅料的搭配上进行掌握。筵宴规格高的,多用高档原料,并且在菜肴中可以只用主料而不用或少用辅料。筵宴规格较低的,在菜肴中要配上一定数量的辅料,以降低成本。应本着粗菜细做、细菜精做的原则。一般高档的筵宴原料质优,低档的筵席原料质粗。这里讲的质粗,并非质量差,是指菜肴制作工序比较简单,原料价格比较低。由于筵席价格受到原料价格、工艺难易和毛利率大小等因素的制约,所以应对以上因素进行全面平衡,做到“钱多能改善,钱少能吃饭”,并且能使客人吃得好、吃得饱。

（六）控制菜肴数量

筵宴菜肴的数量是指组配菜肴的总数和每盘菜肴的分量。筵宴菜肴的数量与筵宴的档次和宾客的性质有直接的关系，一桌筵席应以每人平均能吃到500克左右净料为原则。菜肴的个数应依筵宴规格的高低，安排12~20个。菜肴个数少的筵席，每个菜肴的分量要多些；而个数多的筵席，每个菜肴的分量可以相对少些。

（七）注意菜肴色、香、味、形、器的配合

为了使整桌筵宴显得丰富多彩，不仅要注意菜肴的口味多样化，还要注意菜肴的图案美和色彩美。在冷盘中可配置孔雀等各种花色冷盘；热炒和大菜可制成松鼠、芙蓉等象征性的花色菜，并将配料加工成柳叶形、蝴蝶形、兔形等形状。另外在热炒和大菜的盘边进行围边也是增加美观的一种方法。规格要求很高的筵宴往往需要摆设各种食品雕刻，如花、鸟、禽、兽、楼、台、亭、阁等，以提高整桌筵宴的艺术性。

（八）合理的营养搭配

筵宴菜肴的组配要注意菜肴的营养搭配，应当尽量做到满足人体的生理需要。而这种营养成分的科学搭配，就是通过合理配菜来保证的。为此，在组配时，必须了解各种烹饪营养知识，掌握合理营养的原则，提倡“两高三低”，即高蛋白、高维生素和低热量、低脂肪、低盐。因此，筵宴配菜时最基本的要求就是菜肴的原料应多样化，且应该按照每种原料所含营养素的种类和数量来进行合理选择和科学搭配。只有运用多种原料来配菜，才有可能配出营养成分比较全面平衡的筵宴。

本章小结

筵宴是筵席与宴会的合称。中国筵宴文化不仅历史悠久、品种丰富，而且有很高的艺术性。它起源于原始聚餐和祭祀等活动，经历了新石器时代的孕育萌芽时期、夏商周的初步形成时期、秦汉到唐宋的蓬勃发展时期，而在明清成熟、持续兴盛，然后进入近现代繁荣创新时期。中国筵宴艺术是烹饪艺术乃至整个人类艺术的重要组成部分，具有祥和、精美、新颖的风格，而这个艺术风格主要是通过筵宴的设计、制作来实现，其方法存在于筵宴设计、制作的各个环节。

思考与练习

一、基本训练

(一)概念题

1.筵宴

2.绿色食品

(二)选择题

1.中国筵宴的鼎盛时期在(　　)。

A.清朝　　B.秦朝　　C.汉代　　D.元朝

2.满汉全席出现在(　　)代。

A.秦　　B.汉　　C.隋　　D.清

3.通常情况下,高级宴席中冷盘所占的比例为(　　)。

A.30%　　B.20%　　C.15%　　D.10%

(三)简答题

1.中国筵宴的起源是什么?是怎样发展的?

2.中国筵宴有哪些相关环节?它的主要特征是什么?

3.中国筵席由哪些菜点组成?

(四)问答题

1.试述中国筵宴的菜点结构。

2.筵宴菜单有什么具体的要求?

二、理论与实践

(一)分析题

1.中国筵宴有何艺术风格?常常通过哪些方法去实现?

2.中国筵宴的发展特点是什么?

3.中国筵宴的主要形式有哪些?

(二)实训题

筵宴设计包括哪些内容?试设计一个筵宴菜单。

第六章　中国饮食审美文化

课前导读

饮食审美是中国饮食文化的重要组成部分，中国古代食文化的辉煌发展，正是历史上无数美食家、饮食理论家、美食制作者以及无数美食活动的积极介入者在漫长的民族食生活史上对“美”的不懈追求、孜孜不倦探索的结果，是他们在美食实践中创造了自己民族的独特审美理论，更是他们在这种理论的指导下把中国的饮食生活、饮食文化推进到了辉煌的历史高度。中国饮食审美有什么样的原则，菜肴应该从哪几方面来进行审美，正是本章所要阐述的内容。

学习目标

- 了解中国饮食的审美原则
- 了解饮食生活审美
- 掌握食品审美

第一节　中国饮食审美的原则

一、中国饮食文化的内涵

中华饮食文化的内涵，可以概括成四个字：精、美、情、礼。这四个字，反映了饮食活动过程中饮食品质、审美体验、情感活动、社会功能等所包含的独特文化意蕴，也反映了饮食文化与中华优秀传统文化的密切联系。

（一）精

精是对中华饮食文化的内在品质的概括。孔子说过：“食不厌精，脍不厌细。”这反映了先民对于饮食的精品意识。当然，这可能仅仅局限于某些贵族阶层。但是,这种精品意识作为一种文化精神,却越来越广泛、越来越深入地渗透、贯彻到整个饮食活动过程中。选料、烹调、配伍乃至饮食环境,都体现着一个“精”字。

(二)美

美体现了饮食文化的审美特征。中华饮食之所以能够征服世界,重要原因之一就在于它美。这种美,是指中国饮食活动形式与内容的完美统一,是指它给人们所带来的审美愉悦和精神享受。首先是味道美。孙中山先生讲“辨味不精,则烹调之术不妙”,将对“味”的审美视为烹调的第一要义。《晏氏春秋》中说“和如羹焉。水火醯醢盐梅以烹鱼肉,焯之以薪,宰夫和之,齐之以味”讲的也是这个意思。美作为饮食文化的一个基本内涵,它是中华饮食的魅力之所在,美贯穿在饮食活动过程的每一个环节中。

(三)情

情是对中华饮食文化社会心理功能的概括。吃吃喝喝,不能简单视之,它实际上是人与人之间情感交流的媒介,是一种别开生面的社交活动。一边吃饭,一边聊天,可以谈生意、交流信息、采访等。朋友离合,送往迎来,人们都习惯于在饭桌上表达惜别或欢迎的心情,感情上的风波也往往借酒菜平息。这是饮食活动对于社会心理的调节功能。过去的茶馆,大家坐下来喝茶、听书、摆龙门阵或者发泄对朝廷或时政的不满,实在是一种极好的心理按摩。中华饮食之所以具有“抒情”功能,是因为“饮德食和,万邦同乐”的哲学思想和由此而出现的具有民族特点的饮食方式。对于饮食活动中的情感文化,存在着引导和提升品位的问题。我们要提倡健康优美、奋发向上的文化情调,追求一种高尚的情操。

(四)礼

礼是指饮食活动的礼仪性。中国饮食讲究“礼”,这与我们的传统文化有很大关系。生老病死、送往迎来、祭神敬祖都是礼。《礼记·礼运》中说:“夫礼之初,始诸饮食。”礼指一种秩序和规范。坐席的方向、箸匙的排列、上菜的次序等都体现着“礼”。我们谈“礼”,不要简单地将它看做一种礼仪,而应该将它理解成一种精神,一种内在的伦理精神。这种“礼”的精神,贯穿在饮食活动过程中,从而构成中国饮食文明的逻辑起点。

精、美、情、礼,分别从不同的角度概括了中华饮食文化的基本内涵,换言之,这四个方面有机地构成了中华饮食文化这个整体概念。精与美侧重于饮食的形象和品质,而情与礼则侧重于饮食的心态、习俗和社会功能。但是,它们不是孤立地存在,而是互相依存、互为因果的。唯其“精”,才能有完整的“美”;唯其“美”才能激发“情”;唯有“情”,才能有合乎时代风尚的“礼”。四者环环相生、完美统一,便形成了中华饮食文化的最高境界。我们只有准确地把握“精、美、情、礼”,才能深刻地理解中华饮食文化,才能更好地继承和弘扬中华饮食文化。

二、中国饮食的审美原则

中国几千年形成的传统饮食审美,有自己独特的审美原则。总结起来,这个原则可用祥、和、乐、敬四字概括,即吉祥、和谐、欢乐、敬诚。

(一)吉祥

吉祥既是一种愿望、结果,也是一种美。平安顺利是吉祥的最低标准。所以在饮食审美中,无处不渗透着这一观念,而且在这一观念驱动下又以具体形式处处明确显示出来。最直观莫过于一些直接造型和命名的食品了,如"一帆风顺"(瓜雕为船形,中置各色水果)、"四喜丸子"(四枚丸子)等,直接点明祝福的内容。

(二)和谐

和谐之美是中国古代哲学中的一个命题,也是人们追求美的最高境界和最高原则。"合"是不同因素的混合、结合、相合,是条件、方法、手段。"和"是通过"合"来达到的目的,即和谐、和睦、和畅、和平。单独一种原料、调料不能制成美味,要靠不同原料、调料按一定比例、时间,在一定火力下相互混合、融合,才能制作出佳肴美食。所以在饮食中古人特别强调"和"。如周代人强调一年四季之中什么时候吃什么、配什么油脂、配什么调料,就是"和"的具体体现。在饮食活动中,审美的最高原则也是"和"。这里指主宾之间人际关系的和谐。人与人不和,再美的食物也食之无味。在古代饮食审美中,最高境界是达到物我两忘、天人相通的"和"。这种和谐只有在精通"合和"的哲理,并通过饮食的实践之后才能达到。说起来有点玄乎,但古人就是通过它享受饮食的极致之美的。

(三)欢乐

欢乐是精神的愉悦,既是一种审美感受和体验,又是人们在审美中要求遵循的原则。在饮食审美中,没有愉悦之情的进食不但不会让人体会到美食之美,从而得到初级的口腹享受,反而可能使人因此而生病厌食。中国古代人懂得,在进食时一定要创造一个令人身心愉悦的环境气氛,不但是食物令人观其色、嗅其气、视其形、尝其味、听其名、看其器感到高兴,而且还要选择优美的环境,挑选良好的时机,邀请志趣相投的宾客,安排富有情致的活动,让人时时处处感到心情舒畅、兴趣盎然。这正是饮食审美中要求遵循的欢乐愉悦原则。

(四)敬诚

敬诚在饮食活动中的体现是多方面的。如语言中的"请",敬酒时的起立,饮酒中的先干为敬,敬茶中的"三道茶",等等。"让"也是敬的另一种表现,让食、布菜也是敬。和西餐分食制不同,中国宴会中居于首席的人必须先动每一道菜,然后其他人才能动,对其敬的程度显得更高。即使在家庭日常生活中,也提倡吃饭时长者为先——总之,中国饮食活动中的敬具有中国的民族特色,在饮食活动中是体现行为美、语言美的重要内容,也是指导饮食审美的重要原则。

第二节 中国饮食审美标准

中国饮食审美标准具有鲜明的民族特色,从而也使中国饮食审美具有自己独有的审美方式。

一、食品审美

(一)味

味指食品的味道,在中国饮食审美中,味是最主要的、第一位的要素。饮食审美中对食品味道的判定,笼统地讲只有一句话:“好吃不好吃。”什么样是好吃?什么样是不好吃?其标准有因人而异的一面,即“物无定味,适口者珍”;也有共同的一面,即“口之于味,有同嗜焉”。公允客观的标准是二者的统一。因此,中国各风味流派在其发展和向外拓展中,都遵循这样一条原则:以原风味流派的味型为基础,适应新的时代或新的消费群体作适当的调整。味的开掘成为中国烹饪的主要任务。为了达到美味的目的,在烹饪中一般采用以下几个步骤。

1.选择原料

原料不仅是味的载体,构成美食的基本内容,而且原料本身就是美味的重要来源。在中国,做菜的原料是广泛而多样的,从山珍海味到寻常菜蔬,凡是能够食用的动植物,总会以各种不同的形式出现在人们的餐桌上。多样化的原料经过严格的筛选带来多样化的味觉享受。可见,中国烹饪在原料的使用和选择上有着自己的特点,这一特点可用八个字来形容,即用料广泛,选料严格。

2.掌握火候

火候是烹饪中的重要环节,注重火候是中国烹饪特有的传统。掌握适宜的火候不光是为了使原料成熟,或者为了改变原料的质感,而且还有一个很重要的目的,就是为了体现和提取原料中的美味。民谚说“火到猪头烂”,这里的烂既是触觉的感觉,又是味觉的感受。人们常评价一道菜肴没有达到应有的口味质量,原因是“火候不到”,而不一定是调味上的偏差。这说明对菜肴的味道来说,火候与调味是同样重要的。

3.重在调味

调味是决定菜肴食品口味质量最终最根本的关键。原料自身以及加热过程虽然为食物提供了基本的滋味,但最后的美味还需要调味。不需要调味的食物和菜肴几乎是没有的。从欣赏的角度看,中国烹饪是一门味觉的艺术;从创造的角度看,中国烹饪也可以说是一门调味的艺术。烹饪的所有环节,最终都是服务和服从于调味,获得美味毕竟是烹饪的终极目的。

(二)香

香是菜肴艺术的重要组成部分。香是诉诸嗅觉的物质成分,它的存在方式是一种气味,一种令人愉快的气味。广义的味觉审美包括嗅觉的参与,包括嗅觉对香的感知。香是品味的先导和铺垫,是引发食欲的重要前提。未见其菜,先闻其香;香本身就构成了一种审美,一种愉快的感觉。

相对于味来说,香似乎更加抽象,更加飘忽无定。在饮食审美的过程中,人们对于食物的味常常可以作出一个大概的叙述和评价,味咸,味淡,味鲜,味辣等;然而对于香,情况就有不同,不可能有比较明确的界定,而只能笼统和模糊地说香或者不香。对香进行严格的分类是困难的,烹饪产生的香可简单地分为三大类:一是原料自身的香,二是调味品的香,三是烹调中出现的复合形态的香。

(三)质

品尝美食的感受是全方位的。如果我们把味和香给予的刺激归纳为化学性的味觉感受的话,那么舌头和口腔的触觉部分的感受,则可以概括为物理性的刺激。这物理性的味觉感受包括食物的质地、温度、咀嚼感、压力感等;再分得细一点,还可以有软硬、粗细、黏度、弹性、凝结性、附着性等。味觉中包括嗅觉,还包括触觉,因此对菜肴的评价,我们常常还有一个质感的标准。对烹调来说,并不是味道对头就万事大吉了,还要看该嫩的是否嫩、该脆的是否脆、该烂的是否烂等。

菜肴的质地,是构成菜肴多样化的主要因素,否则,菜肴就只有味的区别了。食品不同,对其质感的要求也不同。笼统地讲,凡是能引起触觉快感的,都属于美的质感。属于这一类的有滑、爽、清、嫩、柔、绵、酥、脆等。在适当限度内,筋(有嚼头)、焦(焦脆)也属于美的质感。而坚硬、老韧等则属于不美的范围。虽然属于同一类质感,其程度总会有区别。一般情况下,以质感程度恰到好处为最佳。如炒肉丝,以嫩为最佳,过头则显老,欠火候则偏韧。

(四)形

味道、香气和质地是菜肴食品的内在品质,色泽和造型则可以看做是菜肴食品的外在形式。任何艺术都有一个形式的问题。从总体上看,是内容决定形式,但作为艺术的一个组成部分,形式既有服从内容的一面,又有相对的独立性。中国烹饪对形式美的追求是有悠久传统的。人们常说菜肴色香味形如何如何,在这里,菜肴的色泽、颜色、光泽位居第一,可见形式在菜肴食品的质量评价中还是相当重要的。菜肴的形式美有两部分组成:色和形。

1.色

色即颜色,作用于人的视觉器官。颜色对菜肴的作用主要有两个方面,一是增进食欲,二是视觉上的欣赏。可以直接使人产生对该食品的第一印象,引发喜欢、厌恶或其他感受,产生接纳、拒绝等心理。由于食品是吃的,所以食品的颜色美不美,不同于人们对绘画等艺术品色彩的感受。因此,在对食品颜色的审美中,那种徒然华丽、甚至对人体有害的颜色是被认为无美可言的。对食品颜色的审美,概括起来,从感受上讲,要求赏心悦目;从形式上讲,要求纯正、组合得当。如凉拌菠菜,必须表现其绿,才能令人赏心悦目。烤鸭要呈现出特有的金黄色,方为纯正。很多食品讲求原料颜色的搭配合理而恰当,才能使人赏心悦目,如百合双蔬,白色的百合瓣与翠绿的菜心搭配,清素雅致,叫人一看便食欲大增。

2.形

形指食品的外部形状,它作用于人的视觉器官眼睛,使人产生某种美与不美的感受。原料的形态主要是刀功处理后的结果。如条、丁、丝、片、块、粒、茸、段和各种不同的花刀等效果。刀功处理主要是为了烹调的要求,但与此同时也形成了不同的原料形态,这对于美化菜肴也起到一定作用。在我国,食品形状造型有三种:一是实用性造型,如一般情况下为方便烹调将原料切成块、丝、条等;二是艺术性造型,如花色拼盘或食品雕刻,拼摆出花的图案或雕刻出动物形状;三是实用性与艺术性结合的造型,如餐馆土豆切丝,既要方便烹炒,又要切得细匀,使客人觉得美观。人们在对食品形状审美评判中,认为最美的是第三种造型。第一种谈不上艺术性,其美仅为实用之美;第二种有的人往往过分重视了外在形式而忽视了食品造型的最基本依据——能食用,把本与末倒置了。第三种则是在不违背目的的前提下增加其审美价值的造型。

(五)养

养指食品的营养成分。当然,以特定的食品而论,营养成分种类越多、各种成分的含量越高越好。在中国传统的食品审美中,并不是像有人说的没有提到营养,或者不重视营养。事实是不但提到,而且很强调营养,不过在表达和形式上与西方有所不同罢了。如饮食养生,如果古人不懂得食物中含有养人甚至医病的成分,怎么解释他们那么重视食养食治的事实?而且,《黄帝内经》中提出的谷、果、畜(肉类)、菜结构和它们的养、助、益、充功能就是一幅完整的营养搭配图,只不过没有像西方那样把这些食品中的各种营养成分分项列出按餐精确搭配罢了。另外,古人表述食物中的营养成分用的术语是“精”或“精气”。虽然没有达到西方现代对营养素定名、定性、定量分析的水平,但不能说没有表述;固然这里面有近代中国科学技术落后的原因,但同时也有中国传统的研究方法的原因。中国古代把“养”的关注点移至食养食疗类食品,对日常一般食品的“养”不特别强调,只让它们在总的

“养助益充”构架中发挥作用。现在,中国饮食已经把“养”作为一个要素扩展至全部食品的审美中,而且引进了西方的科学分析法,借助仪器手段,对食品营养成分作定性定量分析,以满足身体需要,提高其审美价值。

(六)净

净即食品的卫生。中国古代对饮食卫生相当重视,如《养小录》的作者,特别强调食品卫生,竟把食品的卫生作为判定其优劣的第一标准。现代的中国人更是以科学理论为指导,使卫生标准成为食品审美中越来越受重视的构成部分。

(七)器

器指盛装食品的器皿。食品虽美,如果没有相应的盛器与之配合,给人的美感就不强烈,食品本身的审美价值也会降低。美食配美器,相得益彰,如锦上添花。“紫驼之峰出翠釜,水晶之盘行素鳞”,不但形象美,而且情趣也美。山野蔬菜配上质朴古拙的陶盘,别有一种意境。因此,清代烹饪理论家袁枚提出了“美食不如美器”的观点。由此可见,器皿虽然不是食品自身的内在要素,但它与食品有机组合后,构成复合造型,能引发人们美的联想,增加人们美的享受,从而提高食品的审美价值。所以,中国饮食传统审美把食器作为审美对象,使其成为食品审美要素的构成部分。

二、筵宴审美

筵宴的审美品格,构架了烹饪美学与味觉美学之间的联系。筵宴审美主要表现在三个方面。

(一)整体美

筵席最大的特点是整体美。每种菜肴的成功不等同于筵席的成功。筵席必须在整体的统一上给人留下美感。这种整体美表现在:

一是以菜点的美为主体,形成包括环境、灯光、音乐、席面摆设、餐具、服务规范等在内的综合性美感。

二是由筵席菜单构成的菜点之间的有机统一形成的整体美,这是人们衡量筵宴质量的最重要标准。为了说明筵宴的整体美,我们不妨对菜肴的功能进行简单的分析。菜肴的功能一般有三个层次。一是基本功能,即菜肴在独立的情况下所具备的功能,一盆肴肉就是一盆肴肉,一盆青菜就是一盆青菜。仅此而已。二是“加功能”,即几只菜肴加在一起的功能。仍以上面那盆肴肉和青菜为例,如果把它们组合在一起的话,那么除了各自原有的功能外,还会产生出另外的功能:例如,一红一绿的色彩对比功能,荤与素的口味调剂功能,营养成分的互补功能,还有在造型、冷热方面的对比功能等。显然,这些功能和特征是单只的菜肴所不具备的。三是置于筵宴中的菜肴,又进一步超越了上面这种“加功能”,产生更为丰富的“结构功能”。

在筵席的有序组合中,菜肴之间的关系,并不是并列和相加的关系,而是相互依存、制约和衬托的关系。例如,筵宴中的莲子羹,就不同于一般意义上的点心,它既是对筵席口味上的调节和气氛的渲染,而且还体现出筵席的风格、等级等。在人们单独品尝一碗莲子羹时,这些意义显然是不存在的。又如,四川名菜馆“姑姑筵”的主人,常在筵席的山珍海味中间,插进一盆水煮黄豆芽。这盆让吃客人人叫好的黄豆芽,它的作用就不同于平时下饭的黄豆芽,它在筵宴中的出奇制胜的审美效果,几乎是其他菜肴所无法替代的。

因此,在设计整桌的筵席菜时,我们不能仅仅考虑菜肴本身的美味,而要兼顾到菜肴与菜肴之间有可能产生的加功能和结构功能。在筵宴的整体结构中,菜肴应该是多样的,多样才能多彩,才能有变化;同时又必须是统一的,统一于一定的风格和旨趣,给人以完整的味觉审美享受。

筵宴的整体美更重要的是能够充分完成和体现筵宴的目的和主旨。由于筵宴的种类不同,要求不同,主题不同,规格不同,对象不同,价格不同,因此对于筵宴来说要根据这些不同作出不同的设计和安排,精心编排菜单,一切都要围绕筵宴的目的和主旨服务,使之成为一个有机的完整的统一体。

(二)节奏美

与普通的饮食相比,筵宴的上菜过程表现出明显的节奏感。什么是节奏?柏拉图说:“节奏即运动的秩序。”世界上任何事物都存在一定的节奏形式。和谐的、符合人的心理活动规律的节奏,会给人带来美感,而节奏的紊乱会给人带来不快。

筵宴的节奏,一方面存在于菜肴的组合中,这是菜肴之间相互关系构成的内在节奏;另一方面存在于外部,即上菜的速度徐疾所组成的时间节奏。

筵宴的内在节奏,是指菜肴的色彩、造型、口味、质感和品种上的差别,由差别让人产生一种感受上的起伏变化。例如,筵宴的第一道是冷菜,可以由若干个品种组成。这若干种冷菜在造型、口味、色彩上,就可以构成一种静态的节奏。如果冷菜中都是相近的色形,首先会给人以沉闷的感觉,就不能产生和谐的节奏感。由此可见,由菜肴的色香味形等要素的变化引起的节奏感,要求有起有伏,有抑有扬。

筵宴的上菜顺序和相互间隔组成的外在的节奏感或者说运动感,同样应该是有讲究的。上菜过快过频,给人局促不安的感觉,影响品味和气氛;上菜过迟过慢,则给人以拖沓、疲乏和断裂的感觉。综观筵宴的节奏掌握,重点应放在高潮的组织上。在每次高潮之后,应留下适当的时间空隙,以加深就餐者对高潮的印象。其中最关键的高潮部分,应掌握在上了一半菜肴之后,以全过程的六七成左右为宜,即黄金分割的那个点为最理想。高潮过早,铺垫就嫌不足,而且影响以后的气氛;高潮过迟，会使人产生冗长、疲乏之感。

筵宴的节奏掌握是比较微妙的，它虽然不是那么直露，但它左右着就餐者的心理和情绪，给味觉审美活动带来的影响是不容忽视的。

（三）高雅美

筵宴的等级、规格、特色可以不同，但作为饮食活动的高级形式，它的格调应当是高雅的。为此，筵宴菜单的设计构思，要考虑到菜点的够格和入品，即使是普通的菜肴，一旦进入筵宴，在取材和制作中就应与一般情况下有所区别。应该选用最好的原料和运用最好的烹饪技艺，来体现厨师的最高水平。

筵宴的高雅美最主要的体现当然是菜点的高雅不俗，此外还应该包括餐具、环境、服务等因素与筵宴档次相协调。

三、饮食活动审美

饮食活动是人体获取食物以维持生命的过程。从美学角度讲，一次雅致有序的饮食活动，也是一次饮食的审美过程。饮食活动中的审美也有因人而异的一面，与审美的主体——吃饭的人所具有的文化修养、精神境界、阅历、认识水平等自身因素密切相关。但从共性看，饮食活动又有共同的审美标准，即“五美俱”。

（一）良辰

良辰指合适的时间，这是饮食活动审美的时间条件。公务繁忙，杂事缠身，自然没有情趣从容地欣赏饮食之美。同时，当阴霾锁日、暴风肆虐的时候，也没有心情欢快地享受美食带来的喜悦。因此，饮食活动要具有美感，首先要选择适当的时间即良辰。什么时间为良辰？可根据具体情况而定。如年节喜庆、有朋自远方而来之时，也可是春日融融、和风送暖，夏夜月明、清风徐来，秋高气爽、丹桂飘香，冬雪乍停、寒梅初放的时候。总之，时间的选择以使人感到从容不迫、心情舒畅、兴趣盎然为最好。王羲之有名的兰亭宴会，就选在“天朗气清，惠风和畅”的三月；苏东坡泛舟赤壁的夜饮，选在夏夜月明的江面上，这就是时间美。

（二）美景

美景指优美雅致的环境。这是饮食活动审美的环境条件。试想闹市之中，人声嘈杂，秽物之旁，臭气熏天，怎么能以愉快的心情体会饮食之美？怎样的环境才算是美景？也要因地而论。大自然的松中竹下、花前林间、湖中水边、山间溪旁，居住区的敞厅高台、草堂瓦舍、高楼崇阁、静院幽园等都是好地方。只要环境幽雅洁净，使人心静气爽、精神振作，就是美景。欧阳修写《醉翁亭记》，其宴会之地就选在幽深秀丽的琅琊山中，设席亭中，旁边溪水潺潺，山中鸟鸣水流之声似美妙之音乐，以至于他说“醉翁之意不在酒，在乎山水之间也”，使饮食审美达到了相当高的境界，这就是环境美。

(三)可人

可人指志趣相投的主人和客人。人是饮食活动的主体,每个人既是饮食活动审美的主体,又是饮食活动审美的客体(即对象)。大家在一起吃喝玩乐,如果出现一个与大家不合作的人,大家就会极不舒服,更谈不上美感了。所以古人强调宴饮之人必须是“胜友”“高朋”,才能有融洽的人际关系,才能营造欢乐的气氛,才可以产生志趣相投的共鸣,达到心灵上的相通,得到精神上的慰藉。

在饮食审美的诸多条件中,人的条件是至关重要的。因为食品虽然是饮食活动最主要的因素,但在审美中,它是被动的客体,而活生生的人不管属于哪种角色,都具有主动性。所以,古代的文人雅士,对饮食活动中人的挑选是很严格的。以饮茶为例,要避免“主客不韵”(无共同语言),所参与之人不宜是“俗客”“恶客”,饮茶不宜让“野性人”接近。虽然这种说法反映的是封建时期知识分子的情趣和审美观,但就审美活动要求的人际关系条件看,还是正确的。这就是人际美。

(四)韵事

韵事指饮食活动中有情趣、韵致的事,属于言行美。在饮食活动中,不可能从头到尾只是吃和喝,而没有其他活动内容。中国人在饮食活动的进行中,总是要安排一些与之相关的其他活动,或为饮食活动助兴,或借此抒发自己的感情,或与饮食活动相辅,达到某一审美境界。如《红楼梦》中描写了很多宴会,有的采取划拳、行酒令、击鼓传花、说笑话来增加欢乐气氛,有的则采取赋诗吟唱表现自己的文采、志向、意趣。再如古代隐士往往在饮茶时焚香弹琴,格物致知,力求产生“清心神而出尘表”(超出尘世对思想的约束)的感受。这些都是饮食活动审美中具有不同美感和审美价值的活动。当然在饮食活动中也有一些活动无韵致可言,这样就没有什么美感和审美价值了。如《红楼梦》中薛蟠招集的宴会,唱一些下流曲子,只能让人说“该死”。

(五)趣序

趣序指饮食活动中经组合的美食按照一定的先后顺序和节奏供至桌上,富有节奏之美。中国的宴会,在一般情况下,以冷碟和酒品为开席序曲,以热菜大菜掀起高潮,以汤和水果为结尾。其节奏是:序曲比较平缓,时间也较长,互相敬酒、谈话,适量进食凉菜。头菜上席,开始了第一高潮;然后上若干个大菜,掀起若干次高潮。在几次高潮之间又以较平淡的热菜作过渡,使整个上菜节奏有起伏、快慢的变化。其中最主要的大菜往往在最后上,以此掀起最大的高潮,达到最热烈的效果。大菜之后一道汤,如结束曲奏响,节奏趋于平缓。最后的水果,如曲终谢幕,宣告宴会结束。在菜品组合中,也讲求不同烹调方法所制菜品的交替或不同风味流派菜品的交替,尤其要讲求多种味型和口感菜品的交替。如要有拌、炒、烧、烩、蒸、煮等的菜,或川、鲁、粤、淮扬、浙等风味的菜,或者要有荤、素搭配的菜;还要有咸、甜、糖醋、麻辣、鲜、酸等味型的菜，以及脆、酥、绵、爽、筋、软等感的菜，造成山重水复、柳暗花明、花样迭出、目不暇接的效果。一次宴会下来，好像欣赏了一支美妙的乐曲，余音袅袅，韵味悠长；又好似观看了一出精彩的戏剧，内容丰富，角色齐全，人物个性突出、性格分明，有引子、正文、结尾，有铺垫、渲染、呼应，有跌宕起伏、平缓前进，有高潮突起，表现出强烈的节奏感、韵律感，具有浓烈的审美情趣和高度的审美价值，这就是节奏美。和食品的审美一样，饮食活动的审美也是一个完整的过程，各审美要素相互关联，构成了一个有机的统一体，缺一不可。人们在审美中得到的是综合性的美感，所体现的是饮食活动整体的审美价值。

本章小结

美，体现了饮食文化的审美特征。中华饮食之所以能够征服世界，重要原因之一就在于它美。这种美，是指中国饮食活动形式与内容的完美统一，是指它给人们所带来的审美愉悦和精神享受。中国饮食审美尊崇祥、和、乐、敬，注重味、香、型、器、质、养、净。筵宴重视整体美、节奏美、高雅美等，整体上以多种形式体现中国饮食之美，认识中国饮食的价值。

思考与练习

一、基本训练

（一）概念题

1.饮食审美

2.五美俱

（二）选择题

1.中国食品审美中最主要的、第一位的要素是（　　）。

A.色　　B.香　　C.味　　D.养

2.整体美属于（　　）审美。

A.食品　　B.宴席　　C.饮食生活　　D.饮食烹饪

（三）简答题

1.中国饮食审美的原则是什么？

2.在食品审美中，哪一要素最重要？

（四）问答题

1.什么是饮食生活审美？

2.宴席该如何进行审美？

二、理论与实践

（一）分析题

1.试述饮食食品审美。

2.利用所学的知识，浅析中国饮食文化的内涵。

（二）实训题

根据中国饮食审美的原则，对你所熟悉的菜品进行审美考证，并列出该菜品各要素的优缺点。

第七章　中国饮食的民俗礼仪

课前导读

中国是一个幅员辽阔、资源丰富、民族众多、有着五千年古老历史文化沉淀的文明礼仪之邦。各个民族在日常生活、节庆日中有着各自不同的饮食习俗和礼仪；人情往来时也要先了解当地的风俗习惯以入乡随俗。本章就中国的一些主要的饮食习俗礼仪进行介绍。

学习目标

- 了解中国各民族日常食俗
- 了解中国人生食俗
- 了解中国社交礼俗
- 掌握中国节日食俗

民俗，即民间风俗，指一个国家或民族中广大民众所创造、享用和传承的生活文化。它起源于人类社会群体生活的需要，在特定的民族、时代和地域中不断形成、扩大和演变，为民众的日常生活服务。

饮食礼仪即有关饮食行为的礼仪，主要指某些特定场所所要求的、共同遵守的并按具体的程序进行的饮食行为方式。饮食礼仪是研究某个时期、区域的社会政治、法律、经济、文化等具体状况的重要内容，是饮食礼仪学的重要组成部分之一。

中国的饮食文化是构成中华民族5000年悠久历史文化的重要组成部分，而中国的饮食民俗是构成中国饮食文化的重要组成之一，从古至今，食俗和礼仪都在不断地变化、发展、进步。一些新的内容和要素产生了、完善了，相对稳定地存在一段时间；而另外一些内容随着历史的发展而逐渐被淘汰。到今天，有些古代的食俗还存在现代的饮食文化中。在中国这个历史悠久、地域辽阔、民族众多的国度里，因时代、地域、民族等的不同，饮食风俗多有差异，而形成了异常绚丽多彩的饮食风俗文化。这些，既是中华民族丰厚的文化遗产，又是吸引中外游客绝好的资源。

第一节 中国日常食俗

中国自古注重饮食养生,向有“民以食为天”之说。中华民族食俗内容很丰富,各民族所处的地理环境、历史进程以及宗教信仰等方面的差异,其饮食习俗也不尽相同,构成了中华民族食俗庞大纷繁的体系。

中国南部大都以种植水稻为主,多以大米为主食;中国北方以种植小麦为主,则多以面粉为主食。以农业生产为主要经济手段的民族,日常饮食多以粮、菜为主;以畜牧业生产为主要经济手段的民族,则多以肉、乳为主。

在食俗的形成和演变过程中,宗教产生了强大的影响。任何一种宗教都按自己的教义、教规制定食礼、食规和禁忌。有的禁猪、有的禁荤、有的禁五辛。受佛教教义的影响,佛教教徒中形成了素食的饮食习惯,在中国膳食中出现了不少素食名菜。中国有部分人信奉基督教、道教、萨满教、东巴教和自然崇拜等,这都不同程度地影响着人们的饮食习惯,不同的饮食习惯又常常成为不同民族的重要标志之一。

一个地区、一个地区的食俗,并不是一成不变的,民族间、地区间、国家间的交往,经济的发展,科技的进步都推动着食俗的演变。如过去中国东北部各地的汉族,许多是山东人和河北人,在开发东北的过程中,由于所处环境的变化,逐渐改变了过去以玉米面、面粉为主食的习惯,也以高粱米饭为主食。又如居住于松花江上游和长白山北麓的满族先民,大部分以渔猎为生,清王朝建立后,满族大举进入中原,加强了与其他各族人民的交往和联系,大部分满族人原有的食俗发生了深刻的变化。

一、汉族日常食俗

汉族是中国 56 个民族中人口最多的民族,也是世界上人口最多的民族。汉族是原称为“华夏”的中原居民,后同其他民族逐渐同化、融合,汉代开始称为汉族。

汉族以农业为主、家庭饲养业为辅的生产经营方式,历史悠久,对汉族的生活方式和饮食结构发生了深刻的影响,形成了以粮食作物为主食,以各种动物食品、蔬菜作为副食的基本饮食结构。这与西方诸民族和中国藏族、蒙古族等民族的饮食结构形成了鲜明的差别。此外,在长期的民族发展中形成了一日三餐的饮食习惯。三餐中,午、晚餐是正餐。一日三餐中主食、菜肴、饮料的搭配方式,既具有一定的共同性,又因不同的地理气候环境、经济发展水平、生产生活条件等原因,形成一系列的具体特点。

1.主食

由于汉族分布的不同区域生产的粮食作物不同或互有差异，形成不同的主食和制作方法。米食和面食是汉族主食的两大类型，南方和北方种植稻类的地区以米食为主，种植小麦的地区则以面食为主，此外，各地的其他粮食作物，例如玉米、高粱、谷类、薯类作物作为杂粮也都成为不同地区主食的组成部分。汉族主食的制作方法丰富多彩，米面制品，各不少于数百种，在长期的历史和广大地区呈现多姿多态的风格。不少食品除了营养学上的价值，还具有美学欣赏价值。食之味美可口，观之赏心悦目。现在，中国东南方仍以米食为主，大米制品种类繁多，如米饭、米糕、米粥、米团、米面、汤圆、粽子等；东北、西北、华北则以面食为主，馒头、包子、面条、烙饼、馅饼、饺子等都为日常食物。

2.菜肴

汉族的菜肴因分布地域的不同，又各有千秋。汉族作为一个民族共同体，具有共同的文化背景，但在饮食习俗方面形成菜肴的众多不同类型，是因为受到多方面的条件影响。首先，原料出产的地方特色，例如东南沿海的各种海鲜食品，广东一带民间的蛇餐蛇宴，西北地区多种多样的牛羊肉菜肴以及各地一年四季不同的蔬菜果品等都反映出副食方面的地方特色。其次，还要受到生活环境和口味的制约。例如喜食辛辣食品的地区，多与种植水田、气候潮湿有关。再次，各地的调制方法，包括配料、刀工、火候、调味、烹调技术的不同要求和特点，都是形成菜肴类型的重要因素。例如广东位于南部沿海，物产丰富，粤菜有用料鲜活、新颖奇异、取材广泛的特点，口味以清淡、爽口为主；川菜，以成都、重庆、自贡等地的风味佳肴为代表，口味多样，注重调味，讲究精烹，具有清鲜、麻辣香和一菜一格、百菜百味的特点。汉族菜肴烹调方法有几十种，常见的有煮、蒸、烧、烤、煎、炒、烹、炸、烩、爆、氽、扒、炖、焖、拌等十多种。各地的烹调方法都深受当地食俗的影响，各地在民间口味的基础上逐步发展为有特色的地区性的菜肴类型，产生汉族丰富多彩的烹调风格，最后，发展成为较有代表性的菜系。川菜、闽菜、鲁菜、苏菜、京菜等各具特色，汇成汉族饮食文化的洋洋大观。

3.饮料

酒和茶是汉族主要的两大饮料。中国是茶叶的故乡，中国也是世界上发明酿造技术最早的国家之一。酒文化和茶文化在中国源远流长，数千年来，构成汉族饮食习俗不可缺少的部分，在世界上也发生了广泛影响。

酒不仅是能满足提神、解除疲劳、医用等生理需要的饮品，而且是一种重要的文化媒介，在汉族长期的饮食文化中占有重要的地位。在封建社会，酒是祭祀神灵和祖先不可缺少的重要供品，在这种仪式中起着沟通人神的媒介作用。汉族有句俗话，无酒不成宴。酒可以助兴，可以增加欢乐的气氛，至今还在不少地区流行的饮酒时的“猜拳”“酒令”“酒曲”等活动，既是一种饮酒习俗，又是一种民族游艺和民间智慧，它具有活跃气氛、消除酒力、显示和锻炼智力等多种功能。酒是汉族在日常生活和各种社会活动中传达感情，增强联系的一种媒介。在汉族许多地区，姑娘出嫁临行前要饮别亲酒，新郎新娘入洞房要饮交杯酒等。所有这些饮酒习俗，都是汉族过去和现在饮食和生活习俗的有机组成部分。

茶是比酒更为普及的一种饮料。唐代饮茶要加许多香料和调料，宋以后逐渐发展起绿茶、花茶、乌龙茶、红茶等很多品种。饮茶讲究茶叶、水质的品格，火候水温的适宜以及茶具的风格，饮茶的环境、气氛等多种条件。日本在中国唐代饮茶文化的基础上形成独特的茶道，对日本文化和国民性格有深远的影响。目前，中国汉族和各民族的饮茶习俗，将身体保健、文化欣赏、社会交际等多种功能综合为一体，成为中国饮食中最普及、受欢迎的饮料之一，也是民族文化中最普遍的现象之一。除酒和茶两种主要饮料，某些水果制品也成为不同地区、不同季节人们的饮料。

二、藏族日常食俗

大部分藏族群众日食三餐，但在农忙或劳动强度较大时有日食四餐、五餐、六餐的习惯。绝大部分藏族人以糌粑为主食，即把青稞炒熟磨成细粉。特别是在牧区，除糌粑外，很少食用其他粮食制品。食用糌粑时，要拌上浓茶或奶茶、酥油、奶渣、糖等一起食用。糌粑既便于储藏又便于携带，食用时很方便。在藏族地区，随时可见身上带有羊皮糌粑口袋的人，饿了随时可食用。

四川一些地区的藏族还经常食用“足玛”“炸果子”等，足玛是藏语，为青藏高原野生植物蕨麻的一种，俗称人参果，形色如花生仁，当地春秋可采挖，常用作藏族各菜点的原料。炸果子即一种面食，和面加糖，捏成圆或长条状后入酥油锅油炸而成。藏族群众还喜食用小麦、青稞去麸和牛肉、牛骨入锅熬成的粥。聚居于青海、甘肃的藏族群众喜爱的食品，用酥油、红糖和奶渣做成，形似大奶油蛋糕。

藏族过去很少食用蔬菜，副食以牛、羊肉为主，猪肉次之。藏族食用牛、羊肉讲究新鲜，在牛羊宰杀之后，立即将大块带骨肉入锅，用猛火炖煮，开锅后即捞出食用，以鲜嫩可口为最佳。民间吃肉时不用筷子，而是将大块肉盛入盘中，用刀子割食。牛、羊血则加碎牛羊肉灌入牛、羊的小肠中制成血肠。四川、云南等地的藏族多将猪肉用来制成猪膘，便于保存。制猪膘时去掉猪的头蹄，剔除猪骨，四川的藏族还要割下瘦肉，然后抹上花椒、香樟籽，撒上盐，缝合成方形，风干。云南藏族在将猪肉缝合之后，还要加一块重石板压，称“琵琶肉”。食用时一圈圈切下，蒸熟后用刀切食。其色蜡黄，香而不腻。肉类的储存多用于风干法。一般在入冬后宰杀的牛、羊，一时食用不了，多切成条块，挂在通风之处，使其风干。冬季制作风干肉既可防腐，又可使肉中的血水冻固，能保持风干肉的新鲜色味。云南藏族称这种风干肉为“牛羊干巴”。奶类及奶制品也是藏族日常生活中不可缺少的食品。最常见的是从牛、羊奶中提取的酥油，除饭菜用酥油外，还大量用于制作酥油茶。酸奶、奶酪、奶疙瘩和奶渣等也是经常制作的奶制品，作为小吃或其他食品搭配食用。在藏族民间，无论男女老幼，都把酥油茶当做必要的饮料，此外也饮奶茶。酥油茶和奶茶都用茯茶制作。茯茶内含有维生素和茶碱，可以补充由于食用蔬菜少而引起的维生素不足，帮助消化。藏族普遍喜欢饮用青稞制成的青稞酒。在节日或喜庆的日子里尤甚。

藏族的炊餐具自成一体。在藏族地区，家家都备有酥油茶筒、奶茶壶，以干牛粪为燃料，炊具多以铁三脚架为灶。云南藏族茶具、酒具、餐具多用铜制，其余地区则用漆上红、黄、橙色的油漆木碗，比较讲究的还要在碗上包银。牧区的藏族都要随身带一把精制的藏刀，主要用来切割食物，还用于宰羊、剥皮、削帐房橛子等，藏刀的制作历史悠久，工艺精湛。

三、蒙古族日常食俗

蒙古族现主要分布在内蒙古自治区，其余分布在新疆、青海、甘肃、辽宁、吉林、黑龙江等省区。蒙古族牧民视绵羊为生活的保证、财富的源泉。日食三餐，每餐都离不开奶与肉。以奶为原料制成的食品，蒙古语称“查干伊得”，意为圣洁、纯净的食品，即“白食”；分为饮用的鲜奶、酸奶、奶酒和食用的奶皮子、奶酪、奶酥、奶油、奶酪丹（奶豆腐）等。白食美味可口，营养特别丰富。以肉类为原料制成的食品，蒙古语称“乌兰伊得”，意为“红食”。

蒙古族除食用最常见的牛奶外，还食用羊奶、马奶、鹿奶和骆驼奶，其中少部分作为鲜奶饮料，大部分加工成奶制品，如酸奶干、奶豆腐、奶皮子、奶油、稀奶油、奶油渣、酪酥、奶粉等，可以在正餐上食用，也是老幼皆宜的零食。奶制品一向被视为上乘珍品，如有来客，首先要献上；若是小孩来，还要将奶皮子或奶油涂抹其脑门，以示美好的祝福。

蒙古族的肉类主要是牛、绵羊肉，其次为山羊肉、骆驼肉和少量的马肉。羊肉常见的传统食用方法就有全羊宴、嫩皮整羊宴、煺毛整羊宴、烤全羊和烤羊肉、烤羊心、炒羊肚、羊脑烩菜等70多种，最具特色的是烤全羊。蒙古族吃羊肉讲究清煮，煮熟后即食用，以保持羊肉的鲜嫩，特别是在做手把羊肉时，忌煮得过老。牛肉大都在冬季食用。可以做成全牛肉宴，更多的是清炖、红烧、做汤。蒙古族还食用骆驼肉和马肉，油炸驼峰片蘸白糖，视为上肴。为便于保存，还常把牛、羊肉制成肉干和腊肉。

在日常饮食中与红食、白食占有同样重要位置的是蒙古族特有食品——炒米。西部地区的蒙古族还有用炒米做“崩”的习俗。用炒米做“崩”时加羊油、红枣、红糖或白糖拌匀,捏成小块,就茶当饭。面粉制作的各种食品在蒙古族日常饮食中也日渐增多,最常见的是面条和烙饼,并擅长用面粉加馅制成别具特色的蒙古包子、蒙古馅饼及蒙古糕点新苏饼等。

蒙古族每天离不开茶,除饮红茶外,几乎都有饮奶茶的习惯。蒙古族主妇每天早上第一件事就是煮奶茶。煮奶茶最好用新打的净水,烧开后,冲入放有茶末的净壶或锅,慢火煮2~3分钟,再将鲜奶和盐兑入,烧开即可。蒙古族的奶茶有时还要加黄油,或奶皮子,或炒米等,其味芳香、咸爽可口,是含有多种营养成分的滋补饮料。

大部分蒙古族都能饮酒,所饮用的酒多是白酒和啤酒,有的地区也饮用奶酒和马奶酒。蒙古族酿制奶酒时,即先把鲜奶入桶,然后加少量酸奶汁作为引子,每日搅动,3~4日待奶全部变酸后,即可入锅加温,锅上盖一个无底木桶,大口朝下的木桶内侧挂上数个小罐,再在无底木桶上坐上一个装满冷水的铁锅,酸奶经加热后蒸发遇冷铁锅凝成液体,滴入小罐内,即成为头锅奶酒,如度数不浓,还可再蒸二锅。每逢节日或客人朋友相聚,蒙古族都有豪饮的习惯。

四、维吾尔族日常食俗

维吾尔族是新疆从游牧民族较早转为定居农业的民族之一,但在其饮食文化中,至今仍保留着许多游牧民族特有的风俗。在一般情况下,大多数维吾尔族群众以面食为日常生活的主要食物,喜食肉类、乳类,蔬菜过去吃的较少,现在与汉族群众相同。

过去由于经济发展比较落后,大多数维吾尔族群众用的餐具主要为木制和陶器的碗、匙、盘等,但许多食物都爱用手抓食。一日三餐,早餐吃馕喝茶或“乌马什”(玉米面粥),中午为面类主食,晚饭是汤面或馕茶。维吾尔族的主食种类很多,不下数十种,并善于用肉制作各种具有民族风味的食品。下面介绍几种主要的维吾尔族食品。

1.馕

馕是维吾尔族群众日常生活中不可缺少的最主要的食品,也是维吾尔族饮食文化中别具特色的一种食品。维吾尔族食用馕的历史很悠久。馕是用馕炕(吐努尔)烤制而成的,呈圆形。馕多以发酵的面为主要原料,辅以芝麻、洋葱、鸡蛋、清油、牛奶、盐、糖等作料。馕由于含水少,久储不坏,便于携带,加之香酥可口,富有营养,也为其他民族群众所喜爱。

2.抓饭

抓饭是维吾尔族群众最喜爱的传统食品之一,维吾尔语称“婆罗”,是用大米、羊肉、胡萝卜、洋葱、食油等原料做成的饭。因过去吃这种饭时多用手直接抓着吃,故称“抓饭”。抓饭的种类很多,除用羊肉做抓饭外,还有用牛肉、鸡肉、葡萄干、杏干、鸡蛋、南瓜等做辅料做成的抓饭,都有不同的特色。抓饭味道鲜美、营养丰富,不仅是维吾尔族群众家里常吃的美味佳肴,也是婚丧嫁娶、逢年过节用来招待亲朋好友的理想食品。

3.烤全羊

烤全羊是维吾尔族的一大传统名肴。在乌鲁木齐、喀什、和田等地的巴扎上都可闻到它特有的香味。烤全羊不仅是街头的风味小吃,而且也是维吾尔人招待贵客的上等佳肴,现在也成为高级筵席中的一道佳品,备受中外客人的青睐。烤全羊多选用绵羯羊或周岁以内的肥羊羔为主要原料,这样的羊,肉不仅嫩而且营养价值高,嚼在嘴里满口香。

4.烤肉

维吾尔族烤肉的种类很多,其中烤羊肉串是维吾尔族最富有特色的传统风味小吃之一,既是街头的风味快餐,也是维吾尔族待客的美味佳肴。烤羊肉串是将肉切成薄片,一一穿在铁钎子上,然后均匀地排放在烤肉炉上,撒上精盐、孜然和辣椒面,上下翻烤数分钟即可食用。味道微辣中带着鲜香,不腻不膻,肉嫩可口。

5.馓子

馓子是维吾尔等民族的节日食品。是将用花椒水、熟油、蛋清等和好的面搓成细条,放油锅里炸,使其形状呈大半圆状,炸至金黄色时捞出摆放在盘内,围摆成多层圆柱形,形状美观、色泽黄亮、酥脆爽口。

维吾尔族传统的副食肉类主要有羊肉、牛肉、鸡、鸡蛋、鱼等。奶制品主要有牛奶、山羊奶、酸奶、奶皮子等;蔬菜主要有黄萝卜、白菜、洋葱、大蒜、南瓜、萝卜、西红柿、茄子、辣子、芫荽、藿香、青豆、土豆等。

维吾尔族人民长期重视园林生产,农村绝大多数维吾尔族群众都有自己的果园,因而有常年食用瓜果的习惯,果园成为生活在塔里木盆地周围绿洲上的维吾尔族人的天然维生素宝库。从5月成熟的桑葚、6月成熟的杏子开始,各种水果接连不断成熟,一年中有近七个月的时间能吃到新鲜水果。平时还常吃核桃、杏干、杏仁、葡萄干、沙枣、桃干等干果,因此,不少家庭有储存甜瓜、葡萄、苹果、梨等水果的良好习惯。

维吾尔族传统的饮料主要有茶、奶子、酸奶、各种干果制作的果汁、果子露、多嘎甫(冰酸奶,酸奶加冰块调匀制成,是维吾尔族最喜欢的饮料)、穆沙来斯(用葡萄酿制的酒)等。维吾尔族群众在日常生活中尤其喜欢喝茶,一日三餐都离不开茶。茶水也是维吾尔族用来待客的主要饮料,无论何时去维吾尔人家里做客,主人总是先要给客人敬上一碗热气腾腾的茶水,端上一盘香酥可口的馕,即使在瓜果飘香的季节里,也要先给客人敬茶。维吾尔族人多喜欢喝茯茶,茯茶至今仍是维吾尔族人最喜欢的传统饮料。

维吾尔族传统的调味品主要有孜然、胡椒、辣面子、藿香、黑芝麻、醋等。

新中国成立以后，维吾尔族的饮食习惯发生了一些变化，肉类虽然仍是维吾尔族的主要副食，但蔬菜也在维吾尔族的食谱中占有了重要的一席之地。维吾尔族群众向汉族群众学习了很多炒菜的技术，现在维吾尔族餐桌上经常可以见到各色炒菜，使维吾尔族群众的饮食更为丰富。

五、回族日常食俗

在中国的少数民族中，没有一个民族像回族那样广泛地分布于中国各地。

回族日食三餐，北方以面食为主，南方以米食为主，也吃其他杂粮。饭食品种多为面条、馒头、包子、烙饼、水饺、干饭、稀饭，还有烧锅、信铬、锅盛、花卷、连锅面、揪面片、干捞面、臊子面等。

回族的菜食因地区而异，南方的多食鲜蔬，与汉民没有什么区别；北方的多吃土豆、白菜、萝卜、豆腐、腌酸菜和酱咸菜，有的地区一年四季“酸浆水”不断。肉食也视南北而定，北方多为羊牛驼免，南方多为鸡鸭鱼虾。烹调方法习用炸、熘、爆、煮、焖、烤；特别是爆，还有油爆、盐爆、葱爆、酱爆、汤爆等之分。其口味注重咸鲜、酥香、软烂、醇浓，强调生熟分开、咸甜分开和冷热分开。

回族和其他信奉伊斯兰的民族创造的清真菜、清真小吃、清真糕点，是中国烹饪和中国食品中的一个重要风味流派，有很高的社会声誉。

回族的名食甚多，如涮羊肉、酱爆羊肉、炸羊尾、炖羊羔、水爆羊肚仁、滑熘羊里脊、手抓羊肉、煨牛蹄筋、牛干巴、发子面肠、羊肉水饺粉汤、天水呱呱（荞麦凉粉）、羊杂碎、香酥鸡、红烧鲤鱼、油烹大虾，以及蜜果子、牛奶阴米酥、牛羊肉泡馍、炒糊饽、白运重包子、马家烧卖、翁子汤圆、绿豆皮、牛肉米粉、烧饼、兰州拉面、油香、大卤面、油炒面、张川锅盔等。

回族饮食生活中，甜食占有一定的地位，这和穆斯林喜欢吃甜食有一定的渊源关系。宁夏回族婴儿出生后，也有用红糖开口之俗。回族著名菜肴中，有不少是甜菜，如它似蜜、炸羊尾、糖醋里脊等。米面中的甜食就更多了，如凉糕、切糕、八宝甜盘子、甜麻花、甜馓子、糍糕、江米糕、柿子饼、糊托等。宁夏回族还把穆斯林的传统美食油香做成了甜食，调制面团时，给里边加入蜂蜜、红糖等。

回族也喜饮茶和用茶待客。云南的回族喜饮绿茶。西北地区回族的盖碗茶很有名，盖碗是一种独特的茶具，碗盖比碗口小些，饮茶时将碗盖稍偏，挡住茶叶等配料就可品茶了。内放冰糖、桂圆、沱茶称为“三和茶”，再加葡萄干、杏干称为“五香茶”，边饮边加沸水，号称“牡丹花”。宁夏山区回族的罐罐茶也很有特色，即用一特制带把铁罐或铜罐放入大半罐砖茶，倒入水小火煮，成茶色浓褐，味道苦涩。饮用时,众人围坐炉前,每人倒一小杯,细细品茶,甚是爽口。宁夏山区回族农闲时常饮此茶并常以此待客。

回族的日常饮食很注意清洁卫生,凡有条件的地方,饭前、饭后都要用流动的水洗手。多数回族群众不抽烟,不饮酒,忌讳别人在自己家里抽烟喝酒;就餐时,长辈要坐正席,晚辈不能同长辈同坐在炕上,只能坐在炕沿或地上的凳子上。另外,舀水、舀饭均不得往外舀。

六、土家族日常食俗

土家族大多居住在中国西南边沿地区。土家族大都聚居在山里,重岗复岭,陡壁悬崖,山多田少。以务农为主,兼事渔猎和采集,山的天地,造就了土家族取山所产,吃山所长,办山风味,颇富山地民族的饮食文化和风情。

土家族平时每日三餐,闲时一般吃两餐;春夏农忙、劳动强度较大时吃四餐。如插秧季节,早晨要加一顿"过早","过早"大都是糯米做的汤圆或绿豆粉一类的小吃。据说"过早"餐吃汤圆有五谷丰登、吉祥如意之意。土家族还喜食油茶汤。

土家族日常主食除米饭外,以包谷饭最为常见。有时也吃豆饭,粑粑和团馓也是土家族季节性的主食,有的甚至一直吃到栽秧时,过去红薯在许多地区一直被当成主食,现仍是一些地区入冬后的常备食品。

喜好酸辣,是土家族饮食的一大特色,土家族有"三天不吃酸和辣,心里就像猫儿抓,走路脚软眼也花"的说法。土家族的菜肴讲究"酸、辣、香"三字,民间家家都有酸菜缸,用以腌泡酸菜,几乎餐餐不离酸菜。豆制品也很常见,如豆腐、豆豉、豆叶皮、豆腐乳等。尤其喜食"合渣"。土家族平常爱把黄豆磨成浆,加入鲜青菜,当做佳肴。土家族人称为"合渣",也有的地方称"懒豆腐"。还有一些地方的土家族人则喜欢做成豆花,调上野胡椒和盐做"豆花饭"吃。

土家族一年过三次年,六月是"小年",十二月二十八是"赶年",除夕是"胜利年"。其中的"赶年"有提前抢着过的含义,赶年的酒菜充满"烽火硝烟":糍粑上插满梅枝松针,上挂纱布,表示"帐篷";猪肉做"坨子肉",菜做"杂合菜",表示"紧迫";坐席时大门一方不设位,以"观察敌情";一人在外执梭镖肃立,以示"时刻戒备"。

土家族人过年过节时,家家户户都爱打粑粑,再用木模子印出各种各样的图案,称"印印儿粑粑"。拜年送粑粑、腊肉等礼品。每户要打两三担粑粑,过年打的粑粑越多,表示家中越富有。

土家族人十分好客,待客往往要大办宴席。宴席分为"酥扣席"和"砍剁席"两种。"酥扣席"有酥肉、扣肉等主要菜肴;"砍剁席"有盖面肉、炖肉等主要菜肴。

土家族亦重祭扫。祭祖用猪重达400多斤,祭神酒缸高与人齐。献祭的对象有梅山神(狩猎神)、土地神、四官神(牲畜保护神)、五谷神、阿密妈妈(小孩守护神),以及土王祠、八部神庙、三抚宫供奉的先祖灵牌,还包括逝去的亲人。凡祭必杀牲畜,数家或全寨一起行动,礼仪古老,态度虔诚。

土家族人善豪饮、饮酒和煮酒,都有民族传统。土家族人承其先民酒艺,酿酒种类繁多,并且有特殊的喝酒习惯,谓之“咂酒”。饮用时,揭开坛盖,兑上凉水,插入一支竹管,轮流吸饮,又甜又香,别有一番情趣。“咂酒会”古今传名。客到“进门三杯酒”,客走“上马三杯酒”,无酒难以成欢会。

茶是土家族生活必需品,有凉水甜酒茶、凉水蜂蜜茶、姜汤茶、锅巴茶、绿茶等。在待客时,土家族人会拿出上等好茶款待远方客人,既显示出他们热情好客的习俗,又反映出了土家族源远流长的茶文化。土家人的食禁森严。过年这天没吃东西前,不准哭泣、吵架、骂人和说犯忌的话,连与“死”“病”“穷”“杀”“没有”“不要”“睡了”等同音的字、词都不能讲。过年前一天忌杀生,停止到水井挑水,过年饭上甑后不许做活,吃年饭时不许用菜汤泡饭。

土家族人平日忌讳将野死的雀鸟带回家中,不可端着碗在他人背后吃饭,使之“背时”。禁食狗肉,未婚青年忌食猪的蹄叉,儿童忌食鸡爪和猪鼻,成年后忌食猪尾巴。

土家族人一般不吃敬过神的酒、菜、肉、饭。烧饭的火炕、三脚架、鼎锅都是“神物”,禁止任何人跨越和践踏;也不可将鞋袜衣裤和其他脏物放在灶上。

七、彝族日常食俗

大多数彝族习惯于日食三餐,以杂粮面、米为主食。金沙江、安宁河、大渡河流域的彝族,早餐多为疙瘩饭。即将玉米、荞麦、小麦、大麦、粟米等杂粮磨成粉,和成小面团,加水煮成面疙瘩,也称疙瘩饭,有酸菜、豆豉、辣椒等配食即可。午餐以粑粑作为主食,备有酒菜。粑粑是将杂粮面和好,贴在锅上烙熟,也有将和好的面发酵后,再贴在锅上烙熟,称为泡粑。在所有粑粑中,以荞麦面做的粑粑最富有特色。据说荞面粑粑有消食、化积、止汗、消炎的功效,并可以久存不变质。贵州女宁荞酥已成为当地久负盛名的传统小吃。晚餐也多做疙瘩饭,一菜一汤,配以咸菜。农忙或盖房请人帮忙,晚餐也加酒、肉、煮豆腐、炒盐豆等菜肴。在春、夏季里,喜用酸菜或干板菜(白菜或青菜白水煮熟后晒干即成)拌豆米煮成酸汤做菜;也有将玉米磨成米粒,去麸皮,与大米合在一起蒸熟作为主食;还有是将各种面粉擀成粗面条,作为主食。吃饭时,长辈坐上方,下辈依次围坐在两旁和下方,并为长辈添饭、夹菜、泡汤。肉食以猪、羊、牛肉为主。主要是做成“坨坨肉”、牛汤锅、羊汤锅,或烤羊、烤小猪,狩猎所获取的猎物等也是日常肉类的补充。此外山地还盛产蘑菇、木耳、鸡枞、核桃,加上菜园生产的蔬菜,使得彝族蔬菜的来源十分广泛,除鲜吃外,大部分都要做成酸菜,酸菜分干酸菜和泡酸菜两种,用煮过肉的汤煮酸菜加少许的辣椒,可解油腻、醒酒,并可解轻微的食物中毒,每餐不少。另一种名吃"多拉巴"也是民间最常见的菜肴。制作"多拉巴"时先将黄豆磨成浆,连浆带渣与酸菜一起煮食,味道鲜美。

彝族日常饮料有酒、有茶,以酒待客,民间有"汉人贵茶,彝人贵酒"之说。饮酒时,大家常常席地而坐围成一个圆圈,边谈边饮,端着酒杯依次轮饮,称为"转转酒",且有饮酒不用菜之习。酒的种类有烧酒、米酒、荞面疙瘩酒等。制作荞面疙瘩酒时,先将荞面疙瘩蒸熟,倒入簸箕中,待降温后,撒上酒曲,拌匀,盛入垫有芭蕉叶的箢篼中,再用芭蕉叶密封,置于火塘边发酵,过五六天即成。在四川凉山州彝族民间,坛坛酒(咂酒)较为有名。坛坛酒有用高粱、玉米、荞麦等杂粮为原料,加上草药制成的酒曲,入坛用泥巴封口,酒味甜中带苦,饮时加冷开水,用竹管饮用,人多时可多插入几根竹管,多在年节、婚礼时饮用。饮茶之习在老年人中比较普遍,以烤茶为主,一般都在天一亮便坐在火塘边泡饮烤茶。所饮用的烤茶是把绿茶放入小砂罐内焙烤,待烤成酥脆略呈黄色发香时,冲入少许沸水,稍煨片刻对入开水即可饮用。彝族饮茶每次只斟浅浅的半杯,徐徐而饮。

彝族的食用器皿,川滇大小凉山均用马樱花和红椿木制成,分有漆和无漆两种。有勺、碗、瓢、盘、盆、盒、罐、钵、锅、甑、酒杯和酒壶,尤其以酒杯的制作最为讲究,除木制的以外,还有用羊角、牛角、牛蹄、猪蹄挖空制成,用鹰爪制作的杯脚更为精美。

八、朝鲜族食俗

朝鲜族主要分布在中国东北三省。朝鲜族聚居的地区,特别是延边地区,农、林、牧、副、渔业生产全面发展。延边地区是中国北方著名的水稻之乡,又是中国主要的烤烟产区之一。朝鲜族以能歌善舞而著称于世。

朝鲜族多以大米、小米为主食。喜欢吃干饭、打糕、冷面。朝鲜族人多吃狗肉、猪肉、泡菜、咸菜,不吃羊肉和肥猪肉、花椒。

朝鲜族平常的主食是大米饭,喜欢食米饭,擅做米饭,用水、用火都十分讲究,做米饭用的铁锅,底深、收口、盖严,受热均匀,能焖住气儿,做出的米饭颗粒松软,饭味醇正。一锅一次可以做出质地不同的双层米饭,或多层米饭。"山珍海味"也常常摆到桌上。山上的野鸡、野兔、野菜和山药,海里的海带、银鱼、紫菜,都是朝鲜族人爱吃的食物。

朝鲜族日常菜肴常见的是"八珍菜"和"酱木儿"(大酱菜汤)等。"八珍菜"是用绿豆芽、黄豆芽、水豆腐、干豆腐、粉条、桔梗、蕨菜、蘑菇八种原料,经炖、拌、炒、煎制成的菜肴。大酱菜汤的主要原料是小白菜、秋白菜、大兴菜、海菜(带)等,以酱代盐,加水焯熟即可食用。饭桌上每顿饭都少不了汤,一般是喝大酱汤。大酱菜汤对朝鲜族人来说是少不了的,会做大酱菜汤的姑娘才是好姑娘。

朝鲜族是一个爱吃狗肉的民族。在朝鲜族中流传着这样一句话:“狗肉滚三滚,神仙站不稳。”是说朝鲜族人爱吃狗肉,锅里滚开以后,那香味把神仙馋得都站不稳了。朝鲜族认为吃狗肉可以清热解毒,还认为狗肉在夏天吃最好,因为天热出汗消耗体力,吃狗肉能补充营养。现在不分时候了,一年四季都可以吃。用狗肉来烹制菜肴,是朝鲜族烹饪中的一大特色。

朝鲜族用狗肉为原料可以做出许多高雅美味的菜肴,如砂锅狗肉、狗肉火锅,以及各种汤菜。其中最负盛名的是狗肉火锅。狗肉火锅的烹制独具特色,带有浓厚的民族风味。但是举行婚礼、葬礼、过年过节的时候不杀狗不吃狗肉。朝鲜族人还喜欢吃牛肉、鸡肉、海鱼,不喜欢吃羊、鸭、鹅和油腻的食物。

朝鲜族有喝“岁酒”的习俗。这种酒多在过“岁首节”前酿造。岁首节相当于汉族的春节,“岁酒”以大米为主料,配以桔梗、防风、山椒、肉桂等多味中药材,类似于汉族的“屠苏酒”,但药材配方有所不同,用于春节(中国传统农历新年)期间自饮和待客,民间认为饮用此酒可避邪、长寿。

在朝鲜族的饮食中,誉满全国的是冷面,闻名世界的是泡菜。这两类食品目前在中国各大中城市都很容易品尝到,而且声誉极佳。朝鲜泡菜是延边地区主要的过冬蔬菜,每到秋天,家家户户都把几口大缸搬到院子里,把白菜、萝卜等各种蔬菜码在缸里腌上,又香又辣还带甜味,腌菜时的景象非常热闹。朝鲜族泡菜做工精细,享有盛誉,是入冬后至第二年春天的常备菜肴。泡菜味道的好坏,也是主妇烹调手艺高低的标志。

朝鲜族名菜名点很多,主要有神仙炉、补身炉(又称补身汤、狗肉火锅)、冷面、打糕、朝鲜泡菜等。另外还有酱牛肉萝卜块、铁锅里脊、生拌鱼等朝鲜族风味菜肴。朝鲜族菜肴食用后大都有一定的滋补和医疗作用。如春天食用的“参芪补身汤”、伏天食用的“三伏狗肉汤”、冬天食用的野味肉和野味汤等。

九、傣族日常食俗

傣族主要聚居在中国西南部云南省西双版纳傣族自治州等地。傣族饮食在历史上经历过发展演变的过程,到现代,已形成具有本民族特征的风味饮食,其主食、副食、菜肴等都丰富多彩,具有品种多、酸辣、香的特点。

傣族地区以产米著称,故各地都以食稻米为主,一日三餐皆吃米饭。傣族所产的粳米和糯米,不仅颗粒大,而且富有油性,糯米的黏度也较高,具有米粒大而长,色泽白润如玉,做饭香软适口,煮粥黏而不腻,营养价值高的特点。西双版纳等地所产的糯米,具有营养丰富、耐饿、黏性强、不易发馊变坏、田间劳作时食用方便等优点,受到傣族人民的青睐。通常是现舂现吃,民间认为粳米和糯米只有现吃现春，才不失其原有的色泽和香味，因而不食或很少食用隔夜米，习惯用手捏饭吃。

傣族人所有佐餐菜肴及小吃均以酸味为主，如酸笋、酸豌豆粉、酸肉及野生的酸果；喜欢吃干酸菜，据说傣族之所以常食酸味菜肴，是因常吃不易消化的糯米食品，而酸味食品有助于消化。

傣族人日常肉食有猪、牛、鸡、鸭，不食或少食羊肉。居住在内地的傣族喜食狗肉，擅做烤鸡、烧鸡，极喜鱼、虾、蟹、螺蛳、青苔等水产品。以青苔入菜，是傣族特有的风味菜肴。烹鱼，多做成酸鱼或烤成香茅草鱼，此外还做成鱼剁糁（鱼烤后捶成泥，与大芫荽等调成）、鱼冻、火烧鱼、白汁黄鳝等。吃螃蟹时，一般都将螃蟹连壳带肉剁成蟹酱蘸饭吃，傣族称这种螃蟹酱为"螃蟹喃咪布"。

苦瓜是产量最高、食用最多的日常蔬菜。除苦瓜外，西双版纳还有一种苦笋，因此傣族风味中还有一种苦的风味，较有代表性的苦味菜肴是用牛胆汁等配料烹制的牛撒皮凉菜拼盘。

西双版纳地区潮湿炎热，昆虫种类繁多，用昆虫为原料制作的风味菜肴和小吃，是傣族食物构成的一个重要部分。常食用的昆虫有蝉、竹虫、大蜘蛛、田鳖、蚂蚁蛋等。

嗜酒是傣族的一种古老风俗，在公元12世纪就有"咂酒"之俗，酒已成为宴客必备之物。近现代以来，饮酒更是普遍嗜好，男子早晚两餐多喜饮酒少许，遇有节庆宴会，必痛饮尽醉而后快，且饮酒不限于吃饭时，凡跳舞、唱歌、游乐，必皆以酒随身，边饮边歌舞。所饮之酒多系家庭自酿，傣族男子皆擅酿酒，全用谷米酿制，一般度数不高，味香甜。

嚼食槟榔是各地傣族人最普遍的嗜好。中年以上男女最为普遍，有如汉族之烟，是用以敬客的普遍之物。

茶是傣族地区的特产之一。西双版纳是普洱茶的主要产地之一，所以傣族皆有喝茶的嗜好，家家的火塘上常煨有一罐浓茶，可随时饮用和招待客人。傣族所喝之茶皆是自采自制的，这种自制茶叶独具特色，只摘大叶，不摘嫩尖，晾干后不加香料，只在锅上加火略炒至焦，冲泡而饮，略带煳味，但茶固有的香味很浓，有的浸泡多次不变色，其制法和饮用都别具风味。

第二节 中国节日食俗

自远古时期开始，中国各民族就喜欢把美食与节庆、礼仪活动结合在一起，年节、生、丧、婚、寿的祭奠和宴请活动者是表现食俗文化风格最集中、最有特色、最富情趣的活动。在节日里，通过相应的食俗活动加强亲族联系，调剂生活节奏，表现人们的追求、祈望等心理、文化需求和审美意识。少数民族传统节日期间的酒食合欢更是丰富多彩，都备有丰盛的节日食品，还伴有各种形式的娱乐活动，均是寓娱乐于美食之中的食俗活动。

一、汉族节日食俗

汉族的饮食一方面受到本地区自然环境的直接影响，同时也与一定的社会文化环境有密切的关系。岁时节日是表现汉族饮食文化风格的重要时期。汉族与其他民族一样，各类节庆日从年初开始直到年终，每个节日差不多都有相应的特殊食品和习俗。节日食品是丰富多彩的。它常常将丰富的营养成分、赏心悦目的艺术形式和深厚的文化内涵巧妙地结合起来，形成比较典型的节日饮食文化。汉族的节日食俗大致包括以下三类内容。

一是用作祭祀的供品。供品在旧时代的宫廷、官府、宗族、家庭的特殊祭祀、庆典等仪式中占有重要的地位。在当代汉族的多数地区，这种现象早已结束，只在少数偏远地区或某些特定场合，还残存着一些象征性的活动。

二是供人们在节日或特定时间食用的特定的食物制品，这是节日食品和食俗的主流。例如春节除夕，北方家家户户都有包饺子的习惯，而江南各地则盛行打年糕、吃年糕的习俗，另外，汉族许多地区过年的家宴中往往少不了鱼，象征“年年有余”。端午节吃粽子的习俗，千百年来传承不衰。中秋节的月饼，寓含了对亲族团圆和人事和谐的祝福。其他诸如开春时食用的春饼、春卷，正月十五的元宵，农历十二月初八吃腊八粥，寒食节的冷食，农历二月二日吃猪头，尝新节吃新谷，结婚喜庆中喝交杯酒，祝寿宴的寿桃、寿桃、寿糕等，都是节日习俗中的特殊食品和具有特殊内涵的食俗。

三是饮食中的信仰、禁忌。汉族多在正月初一、初二、初三日忌生，即年节食物多于旧历年前煮熟，过节三天只需回锅。以为“熟则顺，生则逆”，因而有的地方在年前将一切准备齐全，过节三天间有不动刀剪之说。再如，河南某些地区以正月初三为谷子生日，这天忌食米饭，否则会导致谷子减产。过去妇女生育期间的各种饮食禁忌较多，如汉族不少地区妇女怀孕期间忌食兔肉，认为吃了兔肉生的孩子会生兔唇；还有的地方禁食鲜姜，因为鲜姜外形多指，唯恐孩子手脚长出六指。过去汉族未生育的妇女，多忌食狗肉，认为狗肉不洁，而且食后容易招致难产等。

下面介绍汉族一年中几个重要的节日食俗。

（一）春节食俗

春节是农历的岁首，也是我国古老的传统节日，是我国最盛大、最热闹的一个古老传统节日，俗称“过年”。按照我国农历，正月初一古称元日、元辰、元旦等，俗称年初一，意即正月初一是年、月、日三者的开始。春节是个亲人团聚的节日，离家的孩子这时要不远千里回到父母家里。真正过年的前一夜叫“除夕”,又叫“团圆夜”“团年”。传统的庆祝活动则从除夕一直持续到正月十五元宵节。

春节是中国传统中最大、最隆重的节日,过年是人们最喜庆、最欢乐的时候。“年”的讲究甚多,过年的内容丰富而繁杂,这种“年味”突出表现在吃的方面。

过年吃什么,不仅取决于传统沿袭、民风民俗,主要还取决于当时的经济状况,反映了一个时代绝大多数人的生活水平。现在人们常说:“如今的日子天天像过年。”

吃饺子不必说了,再穷的人家,大年三十儿也要吃顿饺子。辞旧迎新之交,又在子时吃,所以叫饺子。这里面说道不少,似乎不吃顿饺子就过不去年。各家饺子外形都一样,皮和馅却大相径庭,白面肉馅最好,荞麦面白菜萝卜馅也常见。

年糕也是年前必备食品。黏高粱米面做的是黑红色,大黄米面做的是黄色,一层黑红一层黄叫花糕,夹进大枣又叫枣糕,都隐含日子年年高、早日高升发财的意思。一进腊月门,人们便把苞米棒叶子铺在锅帘上,一层一层地往上撒不干不稀的黏面子,用急火蒸熟,切成块块冻起来,随时食用,既方便好吃,又寄托期望寓意吉祥。

蒸饽饽和蒸年糕同样重要,一是食用二是祭祖,大的有盘子那么大,小的有碗口那么小。祭祀时五个一组,下层摆三个,尖朝上,上层放两个,头朝下,通常有两组。年三十摆上,初三才可以吃。

杀年猪也是过年的一个重要部分,猪的嚎叫标志着年的真正到来。过去,猪是越肥越好,因为肥肉炼的猪油多,全家人全年吃菜的油水就大。杀年猪那天主要吃猪下水,吃血肠,把猪肉切成几大块,和灌好的血肠一同放进一大锅萝卜干子里煮,能一连吃好多天。猪头一劈两半,正月十五和二月二各吃一半。杀年猪时,要请来长辈和亲朋好友前来同吃,对于那些杀不起年猪又没能来家做客的邻居或亲戚,必定要送去一些,下面盛的是萝卜干子,上面放几块猪肉,体现出人情、乡情。会过日子的人家无论如何也要把年猪肉留下一些,腌成咸肉,常年调剂伙食,主要用于待客、办事。

过年的菜桌上还必须有鸡有鱼,有粉条。鸡表示吉利,鱼表示富余,粉条表示长远。果品是苹果,瓜子是南瓜子,糖是“光屁股块糖”,自己家人很少去吃,摆在那里待客。小孩子能吃到沿街叫卖的一串“梨糕”(糖葫芦),也就兴高采烈、心满意足了。

过去过年讲究吃,把平日里舍不得吃的东西都集中到过年这几天,一方面是因为外出的人都要年里赶回家团圆,不漏一人都能分享;另一方面是中国人都极重情义,都想借此机会请一请亲朋好友和一年中恩惠过自己、帮助过自己的人。过去不兴送礼送钱,过年了,请到家中吃顿好饭,以示答谢。也有人用这种方式,在喜庆的氛围中,在吃喝的饭桌上化解一年中的小恩怨和小纠纷。

无酒不成席,年前还要自酿米酒,把酒糟子掺进粥状的黏高粱米面和大黄米中,放在瓮里发酵,做成米酒,香醇可口,营养丰富,也能醉人。

(二)清明节食俗

每年阳历4月5日前后是我国传统节日清明节,距今已有2500多年的历史。清明节的习俗是丰富有趣的,除了讲究禁火、扫墓,还有踏青、荡秋千、蹴鞠、打马球、插柳等一系列风俗体育活动。相传清明节前一二日,要寒食禁火,为了防止寒食冷餐伤身,所以大家来参加一些体育活动,以锻炼身体,故又有寒食节之称。在清明节的饮食方面,各地有不同的节令食品。

知识拓展

寒食节介绍

寒食节亦称"禁烟节""冷节""百五节",在夏历冬至后105日,清明节前一二日。是日初为节时,禁烟火,只吃冷食,并在后面的发展中逐渐增加了祭扫、踏青、秋千、蹴鞠、牵勾、斗卵等风俗,寒食节前后绵延2000余年,曾被称为民间第一大祭日。中国过往的春祭都在寒食节,直到后来改为清明节,但韩国仍然保留在寒食节进行春祭的传统。

清明时节,江南一带有吃青团子的风俗习惯。青团子是用一种名叫"浆麦草"的野生植物捣烂后挤压出汁,接着取用这种汁同晾干后的水磨纯糯米粉拌匀揉和,然后开始制作团子。团子的馅心是用细腻的糖豆沙制成,在包馅时,另放入一小块猪油。团坯制好后入笼蒸熟,出笼时用毛刷将熟菜油均匀地刷在团子的表面,这便大功告成了。青团子油绿如玉、糯韧绵软、清香扑鼻,吃起来甜而不腻,肥而不腴。青团子还是江南一带人用来祭祀祖先必备食品,正因为如此,青团子在江南一带的民间食俗中显得格外重要。

随着时间的推移,人们逐渐将寒食节与清明节合二为一,但是一些地方还保留着清明节吃冷食的习惯。在山东,即墨吃鸡蛋和冷饽饽,莱阳、招远、长岛吃鸡蛋和冷高粱米饭,据说不这样的话就会遭冰雹。

很多地方在完成祭祀仪式后,将祭祀食品分吃。晋南人过清明时,习惯用白面蒸大馍,中间夹有核桃、枣儿、豆子,外面盘成龙形,龙身中间扎一个鸡蛋,名为"子福"。要蒸一个很大的"总子福",象征全家团圆幸福。上坟时,将"总子福"献给祖灵,扫墓完毕后全家分食之。上海旧俗,用柳条将祭祀用过的蒸糕饼团贯穿起来,晾干后存放着，到立夏那天，将之油煎，给小孩吃，据说吃了以后不得疰夏病。

在浙江湖州，清明节家家裹粽子，可做上坟的祭品，也可做踏青带的干粮。俗话说："清明粽子稳牢牢。"清明前后，螺蛳肥壮，俗话说："清明螺，赛只鹅。"农家有清明吃螺蛳的习惯，这天用针挑出螺蛳肉烹食，叫"挑青"。吃后将螺蛳壳扔到房顶上，据说屋瓦上发出的滚动声能吓跑老鼠，有利于清明后的养蚕。清明节这天，还要办社酒。同一宗祠的人家在一起聚餐。没有宗祠的人家，一般同一高祖下各房子孙们在一起聚餐。社酒的菜肴，荤以鱼肉为主，素以豆腐青菜为主，酒以家酿甜白酒为主。浙江桐乡河山镇有"清明大似年"的说法，清明夜重视全家团圆吃晚餐，饭桌上少不了这样几个传统菜：炒螺蛳、糯米嵌藕、发芽豆、马兰头等。这几样菜都跟养蚕有关。把吃剩的螺蛳壳往屋里抛，据说声音能吓跑老鼠，毛毛虫会钻进壳里做巢，不再出来骚扰蚕。吃藕是祝愿蚕宝宝吐的丝又常又好。吃发芽豆是博得"发家"的口彩。吃马兰头等时鲜蔬菜，是取其"青"字，以合"清明"之"青"。

（三）端午节食俗

农历五月初五是端午节，据传是中国古代伟大诗人、世界四大文化名人之一的屈原投汨罗江殉国的日子。2000多年来，每年的农历五月初五就成为纪念屈原的传统节日。千百年来，屈原的爱国精神和感人诗词，深入人心。在民俗文化领域，中国民众从此把端午节的龙舟竞赛和吃粽子等，与纪念屈原紧密联系在一起。随着屈原影响的不断增大，始于春秋战国的端午节也逐步传播开来，成为中华民族的节日。

中国的端午节还有许多别称，如午日节、五月节、浴兰节、女儿节、天中节、诗人节、龙日等。虽然名称不同，但各地人们过节的习俗却大同小异。内容主要有：女儿回娘家，挂钟馗像，悬挂菖蒲、艾草，佩香囊，赛龙舟，比武、击球、荡秋千，给小孩涂雄黄，饮用雄黄酒，吃咸蛋、粽子和时令鲜果等，除了有迷信色彩的活动逐渐消失外，其余习俗至今已流传中国各地及邻近的国家。

每逢端午节，江浙一带的老百姓喜欢晚上划龙船，张灯结彩，来往穿梭，情景动人，别具情趣；而贵州的苗族人民举行龙船节，庆祝插秧和预祝五谷丰登。

（四）中秋节食俗

每年农历八月十五日，是传统的中秋佳节。这是一年秋季的中期，所以被称为中秋。在中国的农历里，一年分为四季，每季又分为孟、仲、季三个部分，因而中秋也称仲秋。八月十五的月亮比其他几个月的满月更圆，更明亮，所以又叫做"月夕""八月节"。此夜，人们仰望天空如玉如盘的朗朗明月，自然会期盼家人团聚。远在他乡的游子，也借此寄托自己对故乡和亲人的思念之情，所以，中秋又称"团圆节"。

我国人民在古代就有“秋暮夕月”的习俗。夕月，即祭拜月神。每逢中秋夜都要举行迎寒和祭月。设大香案，摆上月饼、西瓜、苹果、红枣、李子、葡萄等祭品，其中月饼和西瓜是绝对不能少的。西瓜还要切成莲花状。在月下，将月亮神像放在月亮的那个方向，红烛高燃，全家人依次拜祭月亮，然后由当家主妇切开团圆月饼。切的人预先算好全家共有多少人，在家的、在外地的，都要算在一起，不能切多也不能切少，大小要一样。

我国城乡群众过中秋都有吃月饼的习俗，俗话中有："八月十五月正圆，中秋月饼香又甜。"月饼最初是用来祭奉月神的祭品，后来人们逐渐把中秋赏月与品尝月饼结合在一起，寓意家人团圆的象征。月饼最初是在家庭制作的，清袁枚在《隋园食单》中就记载有月饼的做法。到了近代，有了专门制作月饼的作坊，月饼的制作越来越精细，馅料考究，外形美观，在月饼的外面还印有各种精美的图案，如“嫦娥奔月”“银河夜月”“三潭印月”等。以月之圆代表人之团圆，以饼之圆代表人之常生，用月饼寄托思念故乡、思念亲人之情，祈盼丰收、幸福，都成为天下人们的心愿。月饼还被用来当做礼品送亲赠友，联络感情。

（五）重阳节食俗

农历九月九日，为传统的重阳节。因为古老的《易经》中把“六”定为阴数，把“九”定为阳数，九月九日，两九相重，故而叫重阳，也叫重九，古人认为是个值得庆贺的吉利日子，并且从很早就开始过此节日。九九重阳，因为与“久久”同音，九在数字中又是最大数，有长久长寿的含义，况且秋季也是一年收获的黄金季节。重阳佳节，寓意深远，人们对此节日历来有着特殊的感情，唐诗宋词中有不少贺重阳、咏菊花的诗词佳作。

庆祝重阳节的活动多彩浪漫，一般包括登高远眺、观赏菊花、遍插茱萸、吃重阳糕、饮菊花酒等活动。

登高。在古代，民间在重阳节有登高的风俗，故重阳节又叫“登高节”。登高所到之处，没有划一的规定，一般是登高山、登高塔，还有吃“重阳糕”的习俗。

吃重阳糕。据史料记载，重阳糕又称花糕、菊糕、五色糕，制无定法，较为随意。九月九日天明时，以片糕搭儿女头额，口中念念有词，祝愿子女百事俱顺，乃古人九月做糕的本意。讲究的重阳糕要做成九层，像座宝塔，上面还做成两只小羊，以符合重阳（羊）之意。

赏菊并饮菊花酒。重阳节正是一年的金秋时节，菊花盛开，据传赏菊及饮菊花酒，起源于晋朝大诗人陶渊明。陶渊明以隐居出名，以诗出名，以酒出名，也以爱菊出名，后人效之，遂有重阳赏菊之俗。旧时文人士大夫，还将赏菊与宴饮结合，以求和陶渊明更接近。

插茱萸。重阳节插茱萸的风俗，在唐代就已经很普遍。在重阳节这一天插茱萸可以消灾避难；或佩带于臂，或作香袋把茱萸放在里面佩带，还有插在头上的。大多是妇女、儿童佩带，有些地方，男子也佩带。

今天的重阳节，被赋予了新的含义，在1989年，我国把每年的九月九日定为老人节，传统与现代巧妙地结合，成为尊老、敬老、爱老、助老的老年人的节日。全国各机关、团体、街道，往往都在此时组织从工作岗位上退下来的老人们秋游赏景，或临水玩乐，或登山健体，让身心都沐浴在大自然的怀抱里；不少家庭的晚辈也会搀扶着年老的长辈到郊外活动，或为老人准备一些可口的饮食。

（六）冬至节食俗

冬至是我国农历中一个非常重要的节气，也是一个传统节日，冬至俗称“冬节”“长至节”“亚岁”等。冬至是北半球全年中白天最短、黑夜最长的一天，冬至过后，各地气候都进入一个最寒冷的阶段，也就是人们常说的“进九”，我国民间有“冷在三九，热在三伏”的说法。

在我国古代对冬至很重视，冬至被当作一个较大节日，曾有“冬至大如年”的说法，而且有庆贺冬至的习俗。现在，一些地方还把冬至作为一个节日来过。北方地区有冬至宰羊、吃饺子、吃馄饨的习俗，南方地区在这一天则有吃冬至米团、冬至长线面的习惯。许多地区在冬至这一天还有祭天祭祖的习俗。

冬至经过数千年发展，形成了独特的节令食文化。诸如馄饨、饺子、汤圆、赤豆粥、黍米糕等都可作为年节食品。曾较为时兴的“冬至亚岁宴”的名目也很多，如吃冬至肉、献冬至盘、供冬至团、馄饨拜冬等。较为普遍的有冬至吃馄饨的风俗。馄饨名号繁多，制作各异，鲜香味美，遍布全国各地，是深受人们喜爱的著名小吃。江浙等大多数地方称馄饨，而广东则称云吞，湖北称包面，四川称抄手等。吃汤圆也是冬至的传统习俗，在江南尤为盛行。汤圆是冬至必备的食品，民间有“吃了汤圆大一岁”之说，还可以用来祭祖，也可用于互赠亲朋。北方还有不少地方，在冬至这一天有吃狗肉和羊肉的习俗，因为冬至过后天气进入最冷的时期，中医认为羊肉、狗肉都有壮阳补体的功效，民间至今有冬至进补的习俗。

在我国台湾还保存着冬至用九层糕祭祖的传统，用糯米粉捏成鸡、鸭、龟、猪、牛、羊等象征吉祥如意和福禄寿的动物，然后用蒸笼分层蒸成，用以祭祖，以示不忘老祖宗。祭奠之后，还会大摆宴席，招待前来祭祖的宗亲们。在今天江南一带仍有吃了冬至夜饭长一岁的说法，俗称“添岁”。

二、少数民族节日食俗

中国是一个有56个民族组成的大家庭，其中有55个少数民族，他们的各种节日加在一起有270余种，大部分节日都有相应的节日食俗。下面介绍几种特色突出、影响较大的节日及其饮食。

（一）蒙古族的节日

蒙古族民间一年之中最大的节日是相当于汉族春节的年节，亦称"白节"或"白月"，传说与奶食的洁白有关，含有祝福吉祥如意的意思。节日的时间和春节大致相符。除夕那天，家家都要吃手把肉，也要包饺子、烙饼；初一的早晨，晚辈要向长辈敬"辞岁酒"。

在锡林郭勒盟民间除过年节外，还在每年的夏天过"马奶节"。节前家家要宰羊做手把羊肉或全羊宴，还要挤马奶酿酒。节日的当天，每户牧民家都要拿出最好的奶干、奶酪、奶豆腐等奶制品摆上盘子里，用以招待客人。马奶酒被认为是圣洁的饮料，献给尊贵的客人。

蒙古族待客十分讲究礼节和规矩。例如，吃手把羊肉时，一般是将羊的琵琶骨带肉配四条长肋送给客人。如果是用牛肉待客，则以一块带肉的脊椎骨加半节肋骨和一段肥肠送给客人。招待客人最隆重的是全羊宴。全羊宴包括荐骨、四肢、肋骨、胸椎、羊头，有的地区还要加羊心、羊肝、大肠和羊肚。食用时主人要请客人切羊荐骨，或由长者先动刀切割，然后大家才同吃。烤全羊过去多用来进行祭奠或祭敖包时才用，现在已成为盛大节庆或迎接贵宾用的一种特殊菜肴。

蒙古族富有特色的食品很多，例如烤羊、炉烤带皮整羊、手把羊肉、大炸羊、烤羊腿、奶豆腐、蒙古包子、蒙古馅饼等。民间还有稀奶油、奶皮子等常备奶制品。煺毛整羊宴是蒙古族传统宴客菜，祭祀活动时也常用；熟烤羊是内蒙古鄂尔多斯地区风味菜肴；白菜羊肉卷、新苏饼是蒙古族民间传统糕点；烘干大米饭是蒙古族风味小吃。

（二）火把节

火把节是四川凉山彝族最盛大的传统节日。时间为每年农历六月廿四日到六月廿六日这三天，家家饮酒、吃坨坨肉，并杀牲畜以祭祖先。人们穿新衣，开展具有民族特色的文体活动。男人们参加斗牛、斗羊、斗鸡和赛马、摔跤等活动；妇女则唱歌，弹月琴。晚上人们执火把在房前屋后游转；第三天晚上成群结队地举着火把遍游山野，火光一片，然后又集中到一处点燃篝火，喝酒、唱歌跳舞，一直玩到天亮结束。

盛夏火把节对彝族同胞来说，如同汉族的春节一样，特别隆重。彝族人有句谚语："火把节没有看错了的，彝族年没有过错了的。"火把节之所以在彝族人心目中如此重要，是因为有个古老的神话传说："火把"保住了彝族人的家园，带来了彝族地区的年年丰收。如今的火把节形式多样，内容丰富，既有彝族人民的民族文化特色，又有浓郁的地域民俗风情。火把节的活动内容一般有斗牛、斗羊、斗鸡、选美、赛马、摔跤、对歌、火把游行等。

点火把是火把节里最隆重的一项活动。节日到来之前，人们从山上砍回篙竹或割回蒿草，晒干扎成火把。有两个孩子的家庭扎七支火把，每个孩子三把，父亲一把。火把节头一天傍晚，父亲在自己的火塘为长子或长女点燃火把后，让其带出家门，为等候在坝子上的弟妹们点火。然后，各家的小男孩、小女孩，“惹布子”（小伙子）、“阿咪子”（姑娘）就集体到其他赛子可以看得见的山坡上去，比赛哪个寨子最先点燃火把。各村寨有约定俗成的草场、坝子，那里有堆码好的一堆堆柴火，人们点燃火把在村寨田野山坡上游行后就来到这里，点燃篝火，举着火把，围着篝火唱歌、跳舞、饮酒……尽情欢乐，通宵达旦。远远望去，火把游弋，篝火闪烁，笑声、歌声、鼓点声融在一起，正如元代诗人文璋甫诗所描绘：“云披红日怡含山，列炬参差竞往还；万朵莲花开海市，一天星斗下人间。”如此三天，夜夜如此。

（三）藏历年

藏历年是藏族人民一年中最为隆重的传统节日，与汉族的农历新年大致相同。藏历年是根据藏历推算出来的。藏历元月一日开始，到十五日结束，持续十五天。因为藏民信仰佛教，节日活动洋溢着浓厚的宗教气氛，是一个娱神和娱人、庆祝和祈祷兼具的民族节日。

过年的准备工作从藏历十二月初就开始，如酿制青稞酒，用酥油、菜油炸成各式各样的面食点心（藏语叫“卡赛”）。各家还要在厅堂里摆上染色的麦穗、青稞苗以及用酥油花塑的羊头。这标志着过去一年的好收成，并预祝新的一年又获丰收。除夕前一天，各户人家在太阳快落山时，把一切污水往两边倒掉，他们认为这是人丁兴旺、万物生长的保证。除夕晚上，全家人围坐在一起吃团圆饭。藏民们喜欢吃的油饼、奶饼、手抓肉、鲜奶子等食品，一应俱全。

按照藏族的传统习惯，大年初一早上家庭主妇第一个起床，洗漱完毕之后，先到河边或井边“汲新水”，谁家能第一个将新水背回，不仅全家吉祥，而且预示新年风调雨顺；然后将牲畜喂饱，并叫醒全家人。全家男女老少都穿上节日的盛装，按辈分依次坐定。大年初一在进食之前，每人必须先在嘴上沾一点糌粑面，以示自己是吃糌粑的子孙。这时，长者端来一个叫做“竹素其玛”的五谷斗，里面装有糌粑、人参果、炒蚕豆、炒麦粒等食品，上面还插着青稞穗，每人依次抓一点向空中撒去，表示祭神，接着抓一点自己吃。长者挨个祝愿“扎西德勒”。晚辈则祝福老人“扎西德勒彭松错”。在新年仪式之后，全家人再围坐在一起，喝青稞酒、吃人参果等食品，欢度新年。初一这一天，全家人闭门欢聚，互不访问。从初二开始，互相拜年，持续三五天。姑娘们和大嫂们常结伴成行，采取各种方式“抢食”男人们的东西，而男人们不得有任何反对的表示。通过这种“抢食”活动，一些青年男女交流了感情，增进了友谊。入夜，年轻的牧民们或者围着篝火唱起古老的歌谣，或者纵情欢跳锅庄舞和弦子舞。

（四）泼水节

泼水节即傣历新年，是西双版纳最隆重的传统节日，其间神奇丰富的活动内容，吸引着国内外无数游人。泼水节一般为三至四天，第一天为除夕，是送旧岁的日子，常有划龙舟、放高升等传统活动。第二天或第三天为空白，它不属于旧的一年，也不属新的一年，而是旧年和新年之间的空日子，所以，这一两天人们可自由安排活动。第三天为傣历的元旦，也是傣历年中最热闹的一天。这一天清晨人们便身着盛装开始忙碌做一些佛事活动。到午时忙碌的妇女们便担水为佛洗尘，求佛保佑傣家在新的一年里万事如意。至此欢乐的泼水活动便开始了。

泼水是泼水节最主要的传统活动，人们相互泼水、相互祝福，傣家人常说："一年一度泼水节，看得起谁就泼谁。"泼水传递了男女青年们真挚的友谊和爱情，泼水表达了人们相互间的祝福。圣洁的水把人们一年的辛劳汗水、烦恼、忧伤冲得干干净净。把欢乐和圣水洒向远方来客和过路人。以示对客人的尊敬和欢迎，把友情传给四面八方的朋友。传统活动还有丢包求偶、跳孔雀舞和雄壮潇洒的象脚鼓舞、文艺表演、体育竞赛、商贸交易、物资交流等。

傣族是最好客的民族，节日期间各种美食自然也是多种多样。人们通常要摆宴席，宴请亲朋好友，除了丰富的酒菜外还有许多傣族风味小吃。毫咯素是将糯米碾细，加红糖和一种叫咯素的香花拌匀，用芭蕉叶包裹后蒸制而成。毫火是将蒸熟的糯米碾好，加红糖并制成圆片，晒干后用火烤或油炸，香脆可口。

（五）穆斯林的开斋节、古尔邦节

开斋节又称肉孜节。开斋节与古尔邦节、圣纪节并称为伊斯兰教三大节日。斋月在伊斯兰教历太阴年九月，在这个月凡成年健康的穆斯林都全月封斋，在东方发白前吃好、喝好，直到太阳落山前水米不沾，待太阳落山后再进饮食。十月一日（教历）为开斋节。这天，男女老幼喜气洋洋，沐浴盛装，上寺礼拜，走亲戚拜邻居，互相问候。有不少男女青年喜欢在开斋节举办婚礼。开斋节后，饮食时间恢复正常。开斋节家家户户置办富有民族特色和地方风味的传统食品，宰羊，炸馓子、油香等，互送亲友，拜节问候。

古尔邦节又叫"宰牲节"，在开斋节后第70天举行。时间是伊斯兰教历太阴年十二月十日。因为教历每年十二月十日上旬为穆斯林朝觐麦加的朝圣期，十二月十日为朝觐最后一天，要举办盛大的庆祝活动。古尔邦节的宰牲，起源于关于先知易卜拉欣的故事。伊斯兰教先知易卜拉欣梦见安拉（真主）要他亲手杀自己的爱子作祭品，以考验他对安拉的忠诚。忠诚的易卜拉欣果然准备于次日遵命动手，此举感动了安拉，便派天仙送来一只羊代替其子作祭品。穆罕默德为了纪念易卜拉欣，便规定将朝觐的最后一天作为"宰牲节"。过古尔邦节的时候每户穆斯林都得至少宰杀一只羊，有的还宰牛、骆驼、马。现在的城市穆斯林大多在市场上购买宰杀好的牛羊肉,也有的宰杀一两只羊。古尔邦节期间大家都要相互串门贺节,每到一户,主人必会为客人端上来一盘清炖大块羊肉款待客人。亲朋好友相聚,善歌善舞的新疆维吾尔族群众就会弹起琴、唱起歌、跳起舞,到处是一派欢乐的景象。

古尔邦节维吾尔族的家宴食品有:用大米、羊肉、葡萄干等做成的抓饭,用面粉、羊肉、洋葱等做成的薄皮包子,用带骨羊肉煮制的手抓羊肉,用面团抻成的拉条子,以及与汉族馄饨相似的酸辣可口的"曲曲尔"等。此外还备有多种民族传统糕点和小吃食,如"艾西姆桑扎"(圆盘馓子)、"亚依玛扎"(花边馓子)、"波呼萨克"(炸吉皮)、"沙木波萨"(炸合子)、"卡依克卡"(花色炸食)等。

(六)其他部分民族节日食俗

台湾高山族有吃"长年菜"的习俗。长年菜也叫做"芥菜",吃这种菜是预示寿命长。有的人将长长的粉丝加入长年菜里,象征着长生不老。

满族年三十的家宴十分丰盛而隆重。主食有糯米粉或面粉包成的饺子、火烧、豆包等,传统年菜有鲜美的血肠、煮白肉及别具一格的酸菜汆白肉,而象征吉庆有余的鱼更不可少。子时还要吃一顿送旧迎新的鲜肉水饺。

壮族年三十晚上煮好初一全天的饭,以示来年要丰收。这种饭叫"粽粑",有的长达尺余,重五六斤。

黎族过春节,家家宰猪杀鸡、备佳肴美酒,全家围坐吃"年饭",席间唱"贺年歌"。大年初一或初二,人们集体狩猎,猎物先分给第一个击中猎物的射手,剩下的一半大家均分,怀孕妇女可以获得两份猎物。

第三节 中国人生礼俗

每个人从生到死要经历许多重要的阶段,而最具人生阶段特征的诞生、成年、结婚、去世等构成了人一生中最重要的时刻,而人们大都在此刻用相应的礼仪来庆祝和纪念,即为诞生礼、婚礼、寿礼、葬礼等。而饮食又构成了这些人生中重要礼俗的重要内容。下面我们介绍在众多礼俗中相对最重要的也是较普遍的人生礼仪中的饮食习俗。

一、诞生礼俗

(一)报喜

小孩呱呱落地,新生命的诞生,对父母和一个家庭来说是一件大喜事。为了庆祝小孩的诞生,也为了与各位亲朋好友分享这份喜悦,所以小孩诞生的第一件礼俗就是报喜。其礼必有"红蛋",即将鸡蛋煮熟染成红颜色。一般送 99 只,有些地方还有两瓶白酒。其他随礼不限,越多越好。主人也得回送红蛋,请吃“喜粥”。

(二)三朝

小孩诞生第三天,称为“三朝”。这天要办酒请客,俗称“三朝饭”。吃“三朝饭”亦有讲究,一是有请必到,不能缺席,否则将来孩子养不大,你得承担责任。二是要给喜钱,不能空手,否则不吉利。过去三朝这天,接生婆要为婴儿洗澡,也叫“洗三朝”。“洗三朝”一般要在浴盆中放上红蛋、金银首饰等。

(三)满月

孩子出生一个月,产妇要回娘家过满月。一般生女孩的提前两天回娘家,生男孩的要满足月回娘家。产妇回娘家过满月要带四样礼物——鱼、肉、大糕、果子;娘家给小孩一套新衣服、一个枕头、一篮粽子,有的还给一个满月锁。孩子满月,家中要办满月酒,宴请亲朋好友,以示祝贺。

(四)百日

小孩出生100天叫“百日”,家庭一般都要办酒请客,亲朋好友登门祝贺。贺礼名目繁多,孩子外婆家有的地方时兴“送六个百”,即百个馒头、百块米糕、百只粽子、百寸布料、百枚钱币、百两面条,有的地方还送鞭炮、蜡烛等,用特大的竹篮装上送来。

(五)周岁

周岁是孩子的第一个生日,必须祝贺。孩子外婆家是主客,常规礼物是馒头、粽子、鱼肉、鞭炮、蜡烛等,现在一般都要买上一盒大蛋糕。周岁生日当天,主家要大宴宾客,少则几桌,多则几十桌。

二、婚庆礼俗

婚礼,无论在古今中外,都被认为是人生礼仪中的大礼。

中国传统婚俗主要有三个大的过程。

首先是迎亲,即由新郎迎接新娘。迎亲的队伍带着礼品来到新娘家,一系列仪俗就接连不断地开始了,如拦门、哭嫁等。

其次是拜堂,迎亲的队伍回到男方家,经过“憋性子”“跨火盆”“拜花轿”“传席”“跨鞍”等一系列的仪式,就进入婚礼中的核心环节,那就是拜堂,又称“拜天地”。我国在唐代已比较流行拜天地。一般是三拜,即一拜天地,二拜高堂,三是夫妻对拜。

最后是进洞房。拜堂以后,新郎新娘红线相牵步入洞房。进入洞房以后,也有一系列的礼俗,如“坐帐”“撒帐”“喝交杯酒”等,仪式完后,便是大宴宾客。

为了婚事的热闹,在关东大地还有滚床的风俗。滚床的同时请人说喜话,撒瓜子、花生、糖果在床上,让滚床童子和闹房的人抢,气氛更是热烈。喜话的内容是:

“瓜子上床，金玉满堂。花生上炕，福从天降。瓜花撒向东，日后受诰封。瓜花撒向西，足食又丰衣。瓜花撒向南，日子比蜜甜。瓜花撒向北，衣食永不缺。瓜花放在中，新郎当相公。”

旧时，有一些地方，除了传统的礼俗外，结婚前一天，新郎还要给新娘家抬去食盒，内装米、面、肉、点心等。新娘家要把送来的东西做饺子和长寿面，所谓“子孙饺子长寿面”，新郎把包好的饺子再带回家。结婚这天，新娘下轿，先吃子孙饽饽长寿面。入洞房后，新郎新娘同坐，并由其他人喂没煮熟的饺子吃，边喂边问：“生不生?”新娘定要回答：“生!”睡前要由四人给新人铺被褥，要放栗子、花生、枣，意为“早立子，早生”。结婚这天请客人吃面条，讲究吃大碗面；也有的人家吃大米饭炒菜，菜肴多少视条件而定。

随着社会的进步、人们思想的解放，传统繁复的结婚礼俗渐渐地过渡到自由简洁的现代婚礼。

三、寿庆礼俗

寿庆即为生日举行庆祝仪式，俗称“做寿”“做生日”。寿庆一般指 10 年一次的大生日，寿庆之礼和寿庆之习首先形成于上层社会。

10 岁生日叫做“长尾巴”，由外公外婆或舅父舅母送米馃和衣物鞋帽以示庆贺。一般情况下，20 岁、30 岁、40 岁不庆寿，俗谚“不三不四”，是说逢这样的年庚，只增加一些荤菜而已。40 岁不做寿，还因“四”与“死”谐音，做寿不吉利。通常 50 岁为“大庆”，60 岁以上为“上寿”，两老同寿为“双寿”。儿女们在寿辰日要给父母做寿。谚云“三十、四十无人得知，五十、六十打锣通知”。又有“做七不做八”之说。80 岁寿辰多沿至下年补行。俗称“补寿”“添寿”，也有提前一年庆寿的。凡成年人寿庆，男子“做九不做十”，女子则“做足不做零”；有的地方是男女皆“贺九不贺十”。旧俗还因百岁嫌满，满易招损，故不贺百岁寿。

关于寿礼，庆寿之家先期为寿翁蒸制米粉或面粉“寿桃”分送亲族好友，同时告知为家中某老人几十寿庆之喜。祝寿以女婿、女儿为主，儿子、媳妇陪衬。寿宴上先招待鸡蛋、茶点、长寿面。有不少地方请全村、全族吃寿面，未到的还送上门。吃寿酒时，寿星本人一般不在正堂入座，而是找几个年龄相仿的老者作陪，在里屋另开一席。菜肴多多益善，取多福多寿之兆。

四、丧葬礼俗

旧时丧礼大体有送终、报丧、入殓、出殡、祭奠等。一般是长辈临终时，儿女晚辈均应围坐床前，谓之“送终”；同时要去亲友家报丧；人死后不在放在床上，应移入庭中木板或直接移入棺材中，称入殓；一般死后三日方可出殡。

民间家有丧事，亲友则要携带连幛、酒肉等前往。丧家要设筵席招待客人。各地因时间、习俗不一样有一定的差异。如四川一带的“开丧席”，多用巴蜀的“九大碗”，即干盘采、凉菜、炒菜、镶碗、墩子、蹄膀、烧白、鸡或鱼、烫菜等。湖北仙桃则是“八肉八鱼席”，即办“白喜事”每席用八斤肉、八斤鱼等做菜肴的原料。扬州丧席通常有红烧肉、红烧鸡块、红烧鱼、炒豌豆苗、炒鸡蛋、炒大粉，称为“六大碗”，其中肉、鸡、鱼代表猪头三牲，表示对死者的孝敬，豌豆苗、鸡蛋、大粉是希望大家安安稳稳。

中国人常将不吉利的事亦变相称吉，于是称长者寿终为白喜，所以丧事亦举行得十分隆重。出殡之后，丧家亦以酒席以谢吊唁之客。菜酒单数多以七个菜席为主，取“七星落地”之意。

第四节　中国社交礼俗

社交礼俗是家族与家族之间、家族与社会之间进行联系交往的必要手段。一个人自出生开始，便进入到社会交际的网络之中。中国是礼仪之邦，崇尚礼尚往来。彬彬有礼、知书达理是人们对一个人社交行为的肯定与赞赏，也是对其文化教养的赞扬。

一、社交礼俗的特点

交际往来是人类生活中的普遍行为。礼，在我国具有广博精深的内涵，渗透到了社会生活的各个方面，它既表现为外在的礼仪，又表现在内在的道德与精神。社交礼仪乃中国传统文化的重要组成部分，源远流长。交际礼仪在人们日常的交往和敬神、祭祖、婚丧嫁娶等活动中逐步约定俗成，世代沿袭并不断地被文人总结，渐渐成了统治阶级认可与提倡的日常活动的行为规范和准则。我国传统社交礼仪有以下几个特点。

(1)热情好客，讲究礼貌。热情的全国各族人民，虽然待客礼节各异，但往往尽其所有以礼貌待客，这种传统美德，一直流传至今。

(2)崇尚恭谦礼让。在长与幼的关系上，“长者与提携，则两手奉长者手”，表示尊敬。在师生关系上，学生应在行为上表现出对老师的敬重。在主人与客人的关系上，主人应在行为上表现出礼貌。

二、社交礼俗的重要内容

中国人的社交礼俗内容非常丰富多彩，在这里我们只介绍人们在饮食活动中所涉及的社交礼俗。食俗礼仪作为社交礼俗的重要组成部分之一，与其他的社交内容是相互交叉不能分割的。很多时候人们在日常社交中常常是很多种方式同时使用以达到更好的效果。

中国人常说“民以食为天”,这反映出饮食文化对中国人的重要性。中国人不但热衷饮食,而且还很讲究饮食礼仪。虽然他们有时说话声音较大,给人以吵闹的印象,但在他们的餐桌背后,隐藏着多种礼仪。

(一)座位的安排

在中国的饮食礼仪中,“坐在哪里”非常重要。主座一定是邀请人。主座是指距离门口最远的正中央位置。主座的对面坐的是邀请人的助理。主宾和副主宾分别坐在邀请人的右侧和左侧,位居第三位、第四位的客人分别坐在助理的右侧和左侧。让邀请人和客人面对而坐,或让客人坐在主座上都算失礼,中国的文化是不让客人感到紧张。

宴请座次的排列,最能体现出主宾身份、地位的尊卑贵贱。按习惯,桌次的高低以离主桌位置远近而定。右高左低。桌数较多时,要摆桌次牌。宴会可用圆桌、方桌或长桌,一桌以上的宴会,桌子之间的距离要适中,各个座位之间的距离要相等。团体宴请中,餐桌排列一般以最前面的或居中的桌子为主桌。

餐桌的具体摆放还应与宴会厅的地形条件而定。各类宴会餐桌摆放与座位安排都要整齐统一,椅背达到纵横成行,台布折纹要向着一个方向,给人以整体美感。

礼宾次序是安排座位的主要依据。我国习惯按客人本身的职务排列,以便谈话,如夫人出席,通常把女方排在一起,即主宾坐在男主人右上方,其夫人坐在女主人右上方。两桌以上的宴会,其他各桌第一主人的位置一般与主人主桌上的位置相同,也可以面对主桌的位置为主位。

在具体安排座位时,还应考虑其他因素。例如,双方关系紧张的应尽量避免安排在一起,身份大体相同或同一专业的可安排在一起。

一般家庭举行宴请,因正房为坐北向南,故方桌北面即向门一面为客人的位置。现在则以迎门一方的左为上,右为下,是为首次两席。两旁仍按左为上、右为下依次安位。主人则背门而坐。

恰当地用桌次和座位的安排显示对方的地位,表达尊敬,将会为宴会增添礼仪之邦的风采,并取得特定的效果。

(二)餐具的使用

中国人进餐是主要的餐具有碗、筷、盘、匙等,其中筷子是最具中国特色的餐具。古往今来,用筷子就餐是中国人的一大特点。因此人们在长期使用筷子的时候归结出了比较系统的礼仪和习俗。

筷子是中国的国粹,它既轻巧又灵活,在世界各国的餐具中独树一帜,被西方人誉为“东方的文明”。我国使用筷子的历史可追溯到商代,至少有3000多年的用筷历史了。先秦时期称筷子为“挟”,秦汉时期叫“箸”。古人十分讲究忌讳,因“箸”与“住”字谐音,“住”有停止之意,乃不吉利之语,所以就反其意而称之为“筷”,这就是筷子名称的由来。

人们在使用筷子时有许多礼节和忌讳,下面归纳几点。

(1)进餐时,需长辈或年长者先举筷吃菜,其余人员方可动筷。

(2)用餐前或用餐过程当中,不能将筷子长短不齐地放在桌子上,应整齐地放在自己的碗、盘边。

(3)用餐夹菜时,应当看准一块就夹起,忌在盘中挑翻。

(4)吃菜时忌将筷子的一端含在嘴里,用嘴来回去嘬,并不时发出咝咝声响。这种行为被视为一种无礼的行为,再加上配以声音,更是令人生厌。

(5)忌用餐时用筷子敲击盘碗。因为过去只有要饭的才用筷子击打要饭盆,要饭的发出的击打声响配上嘴里的哀告,其目的是引起行人注意并给予施舍。

(6)忌用筷子指点他人。在进餐时要与别人说话应当先放下筷子,不能在别人面前“舞动”你手中的筷子。

(7)忌将筷子插在饭中递给对方,这样会被人视为大不敬,因为中国的传统是为祖先上香或祭祀时才这样做。所以把筷子插在碗里是决不可以的。

(8)忌用筷子在汤中捞食,这个动作俗称“洗筷子”,而洗过的汤被视为洗碗水,其他人就不愿意再喝了。

其他的碗、盘、匙等的使用也是有些礼俗的。碗和盘都是用来盛放食物的,使用时要注意要用筷子或勺子,不能直接用嘴或手取食物。就餐时不能将空碗或者空盘叠放在就餐的桌子上,不能往暂时空的碗、盘里面乱扔东西,更不能把碗倒扣在桌子上。匙以汤匙为主,用来取汤类食物。在舀取的时候要适量,不能过满,并且在舀出时停留片刻等汤汁不下滴时再食用,避免弄脏其他物品。

(三)茶酒的饮用

喝酒也要讲究礼仪。中国人常以酒作为联络感情、增进友谊的媒介。众人一起倒酒,一起饮酒,一边说着“干杯”“祝你身体健康”等话语,一起共饮。酒席、宴会的祝酒,既能表示对客人的尊敬,又可增添席间的热情气氛。用酒来表达对宾客的欢迎或谢意,不但是我国人民的传统风俗习惯,也是世界各族人民增进友谊的一种方式。

从酒对人健康的作用看,少饮有益,多饮有害。少饮可以畅通血脉、增进食欲、解除疲劳,多饮或暴饮则会造成对身体不同程度的危害,日常交往用酒礼仪主要有以下几点。

(1)斟酒。主人在为客人斟酒时,常说“满上满上”,这个“满”不是指满到杯口几乎溢出来,而是指斟满八成就行了。主人斟酒时,客人可行“叩指礼”,表示感谢主人斟酒。行“叩指礼”时，客人把拇指、中指捏在一块，轻轻在桌上叩几下。

(2)敬酒。向人敬酒，是表示祝愿、祝福等。席上喝酒讲究碰杯，要碰杯就必须把杯中的酒喝干，一口气喝下去，还要把杯子倒过来让旁人看看杯子是空的。但是碰杯的时候，切忌贪杯，头脑要清醒，不可见酒而忘乎所以，贪杯好酒是失礼的。

(3)工作前不得喝酒，以免与人谈话时酒气熏人，上班时带有倦容酒态，违反工作纪律。旅游接待人员若醉意犹存去上班，会严重破坏服务质量，是绝对不能允许的。

(4)交际酒会之间，与会者不要竞相劝酒、强喝酒，否则就会把文明礼貌的交际变成粗俗无礼的行为。应该是有礼貌地劝酒，主人或在座客人看到某人酒杯空了，有礼貌地先询问：“请再喝一杯。”如果对方用手遮掩杯口并说明不想喝了，则不必强求。

在酒席上还常常有“无三不成礼”的说法，意思是喝酒一次高潮必须是三杯以上。所谓“酒过三巡”也是这个意思。

茶叶的原产地在中国。我国的茶叶产量，堪称世界之最。饮茶在我国，不仅是一种生活习惯，也是一种源远流长的文化传统。

中国人习惯以茶待客，并形成了相应的饮茶礼仪。比如，请客人喝茶，要洗刷茶具，给客人现沏新茶，倒旧茶给客人喝是极不礼貌的。要将茶杯放在托盘上端出，并用双手奉上。茶杯应放在客人右手的前方。讲究“茶要半酒要满”。茶水不能倒满杯，七成则可，否则也是对客人不尊重。倒茶水时，壶嘴不能冲着客人。在边谈边饮时，要及时给客人添水。客人则需善“品”，小口啜饮，满口生香，而不是“牛饮”。

中国人的社交观念天然和饮食有关，比如把不认识的人叫做“生人”，把相互了解的人叫做“熟人”。不仅如此，生活的种种似乎都可以和“吃”搭上关系：受重视叫“吃香”，混得好叫“吃得开”，长得漂亮叫“秀色可餐”……中国历史上“鸿门宴”“杯酒释兵权”等传奇故事都是把饭桌当做解决重大政治、军事、外交问题的最优场所。“吃”这个词以其多义，在中国人的社交生活里被发挥得淋漓尽致。中国人习惯于把吃饭聚餐摆在社交的核心地位，使得本来功能单一的饮食成了纷繁复杂的社会万象的一个缩影。

本章小结

民俗，即民间风俗，指一个国家或民族中广大民众所创造、享用和传承的生活文化。社交礼仪作为一种文化，是人们在社会生活中处理人际关系，用来对他人表达友谊和好感的行为。民俗和礼仪作为中国传统文化的延伸，两者完全不可分离。作为民俗礼仪重要组成部分的饮食民俗礼仪，因为时间、地理、民族等的不同，内容千差万别，丰富多彩。其中在日常食俗方面，汉族形成了以粮食作物为主食，以各种动物食品、蔬菜作为副食的基本饮食结构，少数民族则因文化习俗差异而有各自独特的饮食习俗；在节日食俗中，从年初开始直到年终，每个节日差不多都有相应的特殊食品和习俗，少数民族在各自特定的节日里有相应特定意义的食品；在人生礼俗中，全国各族人民都注重诞生、成人、寿礼等，庆祝具有人生里程碑的时刻，祈求健康幸福；在社交礼俗中，中国传统的尊老爱幼、和睦和谐相处都是各族人民的共同点。

思考与练习

一、基本训练

（一）概念题

1.民俗

2.饮食礼仪

（二）选择题

1.下面所列（　　）不属于“三礼”。

A《周礼》　　B.《仪礼》　　C.《易经》　　D.《礼记》

2.下面所列（　　）不属于回族人忌食范围。

A.猪肉　　B.狗肉　　C.驴肉　　D.马铃薯

3.下面（　　）是重阳节食俗包含的内容。

A.吃粽子　　B.饮菊花酒　　C.吃月饼　　D.吃馄饨

（三）简答题

1.家庭成员相处的基本礼仪是什么？

2.汉族日常主食有哪些？

3.维吾尔族日常食俗有哪些？

4.筷子的使用注意事项有哪些？

（四）问答题

1.回族信仰什么宗教？

2.汉族春节有哪些食俗？

二、理论与实践

分析题

1.汉族和其他少数民族在节庆的食物有哪些各自的特点？有什么不同？

2.中国人的人生礼俗有哪几个重要的组成部分，分别有什么特点和食俗？

第八章　中国饮食名人趣事

课前导读

中国历来有“民以食为天,食以安为先”的科学思想,这深刻道出了食品对人类生存和发展的重要性。历史上创造和品评饮食的人物众多,他们中许多人对中国饮食的发展起到了很大的促进作用。中国独特的饮食科学思想是怎么形成的?对中国饮食发展产生了重大影响的人物有哪些?本章将讲述这些内容。

学习目标

- 了解中国饮食的创造者
- 了解与饮食有关的部分名人趣事
- 掌握中国饮食的科学思想

第一节　中国饮食人物

中国是一个有着五千年悠久历史文化沉淀的古国,在饮食方面也有着自己辉煌灿烂的文明。从古至今,一代又一代的美食劳动者的聪明才智和辛勤劳动创造了无数的美食佳肴,同时许多文化名人、美食家对饮食烹饪、评介的贡献也功不可没,是他们共同的不懈努力建立了傲立于世界之林的烹饪王国,铸造了绚丽的中国饮食文化。

一、饮食之神

(一)厨神

中国有着悠久灿烂的饮食文化,遍布于全国关于厨神的传说在不同时代、不同地域有不同的说法,众说纷纭。下面说几个著名的厨神传说。

1.彭祖的传说

彭祖,姓篯名铿,上古传说中的人物。彭祖因为善于调制味道鲜美的野鸡汤(雉羹),献给帝尧食用,被帝尧封于大彭(今江苏省徐州市)。我国爱国主义诗人屈原在《楚辞·天问》中写道:“彭铿斟雉,帝何飨?受寿永多,夫何久长?”这艺术地反映了彭祖在推动我国饮食文化进步方面所做出的卓越贡献。彭铿是彭部族的始祖,以后子孙繁衍,主要是他的“雉羹之道”的贡献,便尊称他为彭祖。彭祖的“雉羹之道”逐步发展成为“烹饪之道”。雉羹是我国典籍中记载最早的名馔,被誉为“天下第一羹”。彭祖“是我国第一位著名的职业厨师”,而且是“寿命最长的厨师”,至今被尊为厨行的祖师爷。

2.詹王的传说

詹王,姓詹,相传是唐朝烹饪技艺高超的御厨,一天,皇帝问他:“普天之下,什么最好吃?”这位忠厚老实的厨师回答道:“盐味最美。”皇帝听了勃然大怒,认为盐是最普通的东西,天天都在吃,没什么稀奇珍美的,是厨师在戏弄自己不懂饮食之道,就下令把姓詹的厨师推出斩首。詹厨死后,御膳房的其他厨师听说皇帝忌盐,怕再犯欺君之罪,在烹制菜肴时都不敢放盐了。皇帝连续吃了许多天无盐的菜肴,不仅感到索然无味,而且全身无力,精神萎靡。究其原因,才知是缺盐的缘故。皇帝因此幡然醒悟,知道自己错杀了詹厨,便追封詹厨为王,后来民间有了祭祀“詹王”的习俗,从每年的立秋起 48 天,所有厨师都要敬他。每年的农历八月十三,就是詹王会,供奉这位“厨师菩萨”,这一天也是所有厨师拜师和出师的日子。

3.灶神的传说

灶神又称灶君、灶王,中国古代神话传说中的司饮食之神。自人类发明火食以后,随着社会生产的发展,灶就逐渐与人类生活密切相关。祭拜灶神也就成为诸多拜神活动中的一项重要内容了。相传灶神是玉皇大帝的女婿,专门派到人间监厨并掌管家政,每到岁末要回天宫汇报人间情况,因此人们不敢怠慢,要向他献酒食和饴糖,让他尝到甜头,以便“上天言好事,下地报吉祥”。而他既会烹饪,又有同情心,常常教厨师一些手艺。随着时间流逝,各地厨师便尊他为厨者的祖师,每年的腊月二十三日,人们则要举行祭祀仪式——叫做送灶王上天。“灶王”之说,传承着中国悠久的饮食文化。

(二)酒神

相传夏禹时期的仪狄发明了酿酒。公元前二世纪史书《吕氏春秋》云“仪狄作酒”。史籍中有多处提到仪狄“作酒而美”“始作酒醪”的记载。“醪”是一种糯米经过发酵工而成的醪糟。性温软,其味甜,多产于江浙一带。现在的不少家庭中,仍自制醪糟。醪糟洁白细腻,稠状的糟糊可当主食,上面的清亮汁液颇近于酒。一种说法叫“酒之所兴,肇自上皇,成于仪狄”。意思是说,自上古三皇五帝的时候,就有各种各样的酿酒方法流行于民间，是仪狄将这些酿酒的方法归纳总结出来，始之流传于后世的。

另有一种说法是说杜康将未吃完的剩饭，放置在桑园的树洞里，剩饭在洞中发酵后，有芳香的气味传出，这就是酒的做法，并无什么奇异。魏武帝曹操《短歌行》曰："何以解忧，唯有杜康。"自此之后，人们认为酒就是杜康所创。

还有一种传说是猿猴造酒。猿猴不仅嗜酒，而且还会"造酒"。很早以前就发现在猿猴的聚居处，多有类似"酒"的东西。猿猴在水果成熟的季节，收贮大量水果于"石洼中"，堆积的水果受自然界中酵母菌的作用而发酵，在石洼中将"酒"的液体析出，这样的结果是不影响水果的食用，而且析出的液体——"酒"，还有一种特别的香味供享用。于是猿猴在不自觉中"造"出酒。

（三）茶神

陆羽字鸿渐，一生嗜茶，精于茶道，以撰写世界第一部茶叶专著《茶经》而闻名于世，陆羽几乎走遍当时著名的产茶地，收集采茶、制茶的各种资料，并且钻研烹茶用水之道，成为烹茶高手，最后在湖州完成了亘古未有的《茶经》，凡栽茶、采茶、制茶、饮茶等各方面的事宜书中都有记载。由于他以身许茶，贡献突出，死后他被人们奉为茶神，并建祠塑像来供奉。在谷雨日，茶农常常要举行大型的祭祀茶神活动，祈求茶叶丰收。开门七件事——柴米油盐酱醋茶，茶和人们的生活密不可分，陆羽对茶的研究为后人的饮食生活做了很大的贡献。

二、中国饮食名人

中华饮食文化源远流长，古往今来流传着不少有关名人名吃的趣闻，趣闻与名人使得一些具有地方特色的食品名声远播。"山不在高，有仙则名；水不在深，有龙则灵；斯是陋室，惟吾德馨"，它说明任何事物，除了自身的条件外，也要借助外力来提高自己的知名度，即所谓的"攀龙附凤"。一道可口的菜肴，要使世人皆知，流传百世，同样要依靠传播媒介的宣传效果，这里最重要的是与名人搭上关系，一经品题，就可以身价百倍。这是行之有效的社会心理学的经验之谈。在我国菜肴精品中，有一部分就是因为有这种历史积淀，流传着美丽动人的故事，又经过历代文人的渲染修饰，才能声名大噪。今天，我们吃到这些菜肴，联想到名人的一些往事，也能平添许多乐趣。中国历史上出现了无数懂吃、会吃的文化名人，他们或者提出了自己的饮食主张，或者记述、赞美和品评各地的物产、事俗、菜点等，对饮食文化的发展作出了宝贵的贡献。

（一）饮食名人

1.孔子

孔子，字仲尼，是我国古代一位伟大的政治家、思想家、教育家。他最早提出了关于饮食卫生、饮食礼仪等内容，对中国烹饪观念的形成，奠定了重要的理论基础，同时也客观地反映了春秋时期黄河中下游流域已达到了较高的烹饪技术水平。

孔子是长期受到人们推崇的杰出人物，他倡导的饮食观，对后世影响深远。“食不厌精，脍不厌细”意思是说，食物原料要选择优质的，肉要切得细细的，做饭菜应该讲究选料、刀工和烹调方法，饮食是不嫌精细的。“割不正不食”意思是说，宰杀猪、羊时割肉不合常度，是失礼的，食物形态也被弄坏了，所以不吃。“席不正不坐”意思是说，筵席的四边应与屋子的四边保持相应平行，铺放端正，如果席子摆得歪歪斜斜的，有损于饮食的形制，那就不能入席了。“有盛馔，必变色而作”意思是说，在人家用丰盛的肴馔招待自己时，必须肃然起立，向主人答谢致意。孔子虽提倡“食不厌精，脍不厌细”，他自己却崇尚俭约，反对贪食。他注重美与善的统一，即使是一餐饭的时间，也不能背离“仁德”。“精食细脍”不能实现的时候，宁可饭蔬食饮水，也不能“违仁”。

2.陆游

人们都知道陆游是南宋著名的诗人，但很少有人知道他还是一位精通烹饪的专家。在他的诗词中，咏叹佳肴的足足有上百首，还记述了当时吴中(今江苏省苏州市辖区)和四川等地的佳肴美馔，其中有不少是对于饮食的独到见解。

陆游的烹饪技艺很高，常常亲自下厨掌勺，是一位不亚于苏东坡的业余烹饪大师。陆游不但会做，而且很懂得烹调技术。他长期在四川为官，对川菜兴趣浓厚。唐安(今四川省崇州市)的薏米、新津的韭黄、彭山的烧鳖、成都的蒸鸡、新都的蔬菜，都给他留下了难忘的印象。

陆游认为选用新鲜蔬菜即便不要调味，吃起来也很鲜香，但陆游在盐的作用上走向了另一个极端，他否定了盐应有的作用，过于强调“本味”。陆游还认为吃粥可以强身益气、延年益寿，同时他还提倡乡土风味。

3.李调元

李调元，清代戏曲理论家、文学家，四川人。他五岁入塾，七岁能吟，号称神童，著有《童山诗集》《童山文集》《雨村诗话》等书，给后人留下了丰富的文化遗产。他的著述与诗赋里谈论饮食的内容不少，如他认为不能把老祖宗遗留下来的饮食传统抛弃了，继承前人的烹饪成果还是必要的。李调元对民间质朴的烹饪十分赞赏，如他对四川乡间炖全鸡和蒸猪肉以椒、姜调制的民间风味很感兴趣。这位蜀中才子还写有豆腐、花生、鳖裙、雪蛆等多种饮食题材的诗赋。

作为清代四川著名文人，李调元对烹饪文化最大的贡献还在于他将父亲李化楠的烹饪资料手稿整理、付梓，使烹饪专著《醒园录》问世，这对后世川菜的不断发展、不断完善，起了很大的促进作用。

4.袁枚

袁枚，清代诗人、诗论家，字子才，号简斋，钱塘（今浙江杭州）人。袁枚一生喜好美食，潜心研究烹饪之道，成就卓著。在袁枚之前，中国饮食论著更多的是饮食而不是烹饪，有了袁枚，有了他的《随园食单》，中国饮食才有了真正意义上的重新定义和划分。《随园食单》从南方到北方，从大菜到小吃，内容极为丰富，是我国一部较为系统的述及烹饪技术和制作方法的重要著作，自乾隆年间问世以来，流传甚广，从选料到品尝都有所叙及。从书中可以看出，中国菜肴几百年来没有多少根本性的变化，但他推崇的美食，如今仍然广受追捧。

事实上，要想了解中国美食文化，谁也绕不开《随园食单》，没有人会怀疑，这本书是提高烹饪技术、研究传统菜点以及烹制方法的指导性史籍。自问世以来，这部书长期被公认为厨者的经典，有英、法、日等译本。

（二）名人与名菜

中国饮食文化源远流长，是传统文化的一个重要组成部分。中国的名人，尤其是一些当权者和文化人，往往又是美食家，这就注定了许多名菜都与名人有关。

1.忽必烈与涮羊肉

在北京，提起“涮羊肉”，几乎人尽皆知。因为这道佳肴吃法简便、味道鲜美，所以深受欢迎。但其能流传下来却和忽必烈有关。700 年前，元世祖忽必烈率军征途中，想吃草原美味“清炖羊肉”。随军厨师马上宰羊剔肉，不料敌情突发，做“清炖羊肉”来不及了，厨师忙将羊肉切成薄片，放在锅里一搅和就捞出来，放点调料送了上去。忽必烈饥不择食，吃罢迎敌并获全胜，还朝后命厨师如法炮制，并建议放了许多佐料，群臣吃后赞不绝口，忽必烈便赐名“涮羊肉”。

2.西施与西施舌

提起中国古代四大美人之一的西施，民间传说佳话颇多。在祖国烹饪史上与这位美女相关的美食亦不少。在福建名菜“炒西施舌”的历史传说中，有这么一段故事。春秋战国时期，越王勾践灭吴后，他的夫人偷偷地叫人骗出西施，将石头绑在西施身上，而后沉入大海。从此沿海的泥沙中便有了一种形似人舌的文蛤（即蛤蜊），大家都说这是西施的舌头，所以称为“西施舌”，这是个多么艳丽的名字！

“西施舌”是沿海食品文蛤的一个品种，属瓣鳃软体动物，双壳贝类。其肉质软嫩，氽、炒、拌、炖皆可。20 世纪 30 年代著名作家郁达夫在福建时，亦称赞长乐“西施舌”是闽菜中的“神品”。

3.曹操与曹操鸡

“曹操鸡”是始创于三国时期的安徽合肥传统名菜。此菜系经宰杀整型、涂蜜油炸后，再经配料卤煮入味，直焖至酥烂，肉骨脱离。出锅成品色泽红润，香气浓郁，皮脆油亮，造型美观。吃时抖腿掉肉，骨酥肉烂，滋味鲜美，且食后余香满口，因而以其独具一格的风味，受到来合肥旅游的中外食客好评，有人曾留言赞美：“名不虚传，堪称一绝。”

相传三国时期，合肥因其地理位置，成为兵家必争之地。汉献帝建安十三年（公元208年），曹操统一北方后，从都城洛阳率领83万大军南下征伐孙吴（即历史上著名的赤壁大战），行至庐州（今安徽合肥）时，曾在教弩台前日夜操练人马。曹操因军政事务繁忙，操劳过度，头痛病发作，卧床不起。行军膳房厨师遵照医嘱，选用当地仔鸡配以中药、好酒，精心烹制成药膳鸡。曹操食后十分喜爱，身体很快康复，此后每进餐时必食此鸡。后人传于世，“曹操鸡”声名不胫而走，于是这道菜便在合肥流传至今。

现今“曹操鸡”这道美肴，尤以合肥逍遥酒家烹制最为出名，仍以当地优质仔鸡为本，并配以曹操家乡安徽亳州出产的古井贡酒与天麻、杜仲、香菇、冬笋及花椒、大料、桂皮、茴香、葱姜等18种开胃健身的辅料制成。营养丰富，具有食疗健体之功，声誉日高。

4.宗泽与金华火腿

相传金华火腿是宋代名将宗泽发明的。宗泽是主战派，因打仗连连得胜，百姓抬着肥猪慰问，一时猪肉多吃不了，宗泽就命人将猪腿割下，腌制起来。由于腌制猪腿又湿又重，行军携带不便，所以常常晒上几日，再挂在风口晾干，日子一久，腿肉红得似火，大家都叫它“火腿”。

5.苏东坡与东坡肉

苏东坡可谓一位美食大家，他有关美食的诗歌及文章极多，现在以“东坡”命名的名菜就有东坡肘子、东坡鱼、东坡豆腐、东坡饼、东坡羹、东坡酥、东坡芽脍、东坡豆花，等等。其中最著名的当属东坡肉。

东坡肉是苏东坡在黄州亲手创制出来的，他被贬黄州（今湖北黄冈）后生活拮据，见当地猪肉价便宜而很少有人买，于是便亲自烹调猪肉，创制出名誉千古的“东坡肉”来。他在《猪肉颂》中写道：“黄州好猪肉，价钱如粪土。富者不肯吃，贫者不解煮。净洗铛，少着水，柴头烟，焰不起，待它自熟莫催它，火候足时它自美。”苏轼的这种烧肉方法，经过厨师们多年实践，并在锅、火、作料、制作上不断加以改进，成为现在名为“东坡肉”的传统名菜。东坡肉味美香醇，脍炙人口，肥而不腻。

6.毛泽东与红烧肉

毛泽东的生活简朴，律己极严，特别对于饮食，从不讲究。毛泽东平日最喜欢吃的荤菜是普通的红烧肉。红烧肉即“东坡肉”，并不是毛泽东的家乡菜，毛泽东在家乡韶山湘乡东山学校读私塾和小学时，只有砣子肉。毛泽东爱上红烧肉是1914年进了湖南第一师范以后。第一师范是一所免费并供给学生膳食的中等师范学校，膳食水平并不太低，每周打一次“牙祭”。据毛泽东的同班同学周士钊和蒋竹如回忆，打“牙祭”的时间是星期六的中餐，是用湘潭酱油加冰糖、料酒、大茴，慢火煨成，肉用带皮的“五花三层”，八人一桌，足有四斤。从这时起，毛泽东就爱上了这个菜，他对于烹饪并无研究，甚至一窍不通，但他认为这道菜可以补脑。据一些资料分析，猪肥肉、瘦肉、肉皮为原料的“东坡肉”，经过料酒、冰塘的烹制，脂肪的性质产生了质的变化，确实是美味佳肴、保健食品。

名人创制了名菜，名菜又使名人扩大了知名度，这是客观存在。餐饮业的经营者掌握了与名人有关的名菜的典故，适当加以宣传，对弘扬中华饮食文化，营造餐饮文化氛围，无疑大有益处。

第二节 中国饮食的科学思想

饮食是人们生活的主要方面，是人类生存和发展的重要条件，也是一个时代、一个民族经济发展水平的直接体现。在此基础上所形成的文化观念、礼仪制度、风俗习惯、等级形态便构成了一个相互依存的复合文明体系，并由此体现出社会发展的文明水平。

中国社会的饮食思想，体现于《周礼》《仪礼》《礼记》等礼书和诸子百家的哲学思想之中，特别是儒家思想之中。以孔子为代表的儒家的饮食思想与观念也可以说是古代中国饮食文化的核心，其对中国饮食文化的发展起着不可忽视的指导作用。

一、五味调和

所谓五味，是指酸、苦、甘、辛、咸。这五种类型的食物，不仅是人类饮食的重要调味品，可以促进食欲、帮助消化，也是人体不可缺少的营养物质。

中医认为，味道不同，作用不同。如酸味有敛汗、止汗、止泻、利便等作用，像乌梅、山楂、山萸肉、石榴等；苦味有清热、泻火、燥湿、降气、解毒等作用，像橘皮、苦杏仁、苦瓜、百合等；甘味即甜味，有补气、和缓、解痉挛等作用，如红糖、桂圆肉、蜂蜜、米面食品等；咸味有泻下、软坚、散结和补气阴血等作用，如盐、海带、紫菜、海蜇等；辛味有发散、行气、活血等作用，如姜、葱、蒜、辣椒、胡椒等。因此，在选择食物时，必须五味调和，这样才有利于健康，若五味过偏，会引起疾病。谷味酸，先走肝，过多地吃酸味，则易肝气盛脾气衰；谷味甘，先走脾，多食甜味，则心气烦闷不安，面色黑，胃气不能平衡；谷味辛，先走肺，多食辣味，筋脉则坏而松弛，精神也同时受到损坏；谷味咸，先走肾，多食咸味，则大骨就要受伤，肌肉萎缩，心气抑郁。因此，注意饮食五味调和，能使骨骼正直、筋脉柔和、气血流通、腠理固密、骨气刚强。另外，五味调和,菜肴才能变化无穷,味美适口。一味是谈不上“和”也不能“养五脏气”的。所以,烹调与膳食能否做到五味调和,直接关系到人们的身体健康。

五味调和原则是中国传统烹调术的根本要求和古代美食审鉴的最高境界。酸、苦、甘、辛、咸的辅佐,配伍得宜,则饮食具有各种不同特色。要做到五味调和,一要浓淡适宜,二要注意各种味道的搭配,三要强调水、火候、齐(剂量)的统一,四要强调加热要掌握好的“度”,即加热要恰到好处。如果以上几点稍有不慎,就会过犹不及而成为一大败笔。也就是要做到“久而不老,熟而不烂,甘而不浓,酸而不酷,咸而不减,辛而不烈,淡而不薄,肥而不腻”。上述八对味道概念,每对中的两个都近似易混,前者合“度”,后者则过“度”。主张既不要“不及”,亦不要“过”,因此要在两者中间进行深入的辨析。这说明烹调理论无论从“和”的思想来源上、“和”的内容上看都已进入思辨领域。春秋战国时期在思想领域是无一可循的“百家争鸣”时期,至战国末年已有道家、儒家、法家、墨家等多种思想自由鸣放,此时需要思想的“和”以达一统天下的大势;而“五味”剂量的和,“水火”用度上的和,只有衡得先后、多少之物性变化,用其性且又不失其理,方能去异求同,达到“和”的大道。

人的口味受地理环境、饮食习惯、嗜好偏爱、性别年龄等影响,所以菜肴调味要因人施调,以满足不同的口味要求。因此需要用五味以调和百味。适口的味道,可以调动食欲,促进分泌,有利于提高食物的消化吸收率,从而更好地发挥食物滋身补体的本质作用。《本味》篇对先秦烹调实践和理论的总结,为后世中国烹饪理论定下了基调,即烹调的目的在于改变食物原料的味道,使之适口。“变味”不仅要去除食物原料的异味,还要通过调料改变原料的本味。中国千变万化的肴馔与众多菜系都是为了适应不同人的口味需要才产生的。地方风味食品所强烈反映出的各地居民的不同嗜好,也是“适口者珍”——适合一个省或一个地区的众多居民之口的体现,比如四川人普遍喜好吃辣。中国菜肴中“味”是灵魂的根本原因,中国菜肴风味多样,口味众多,是其闻名世界的重要因素之一。

二、“十美风格”

“十美风格”是中国古代饮食文化重要的思想结晶。其具体内容是:

趣,愉快的情趣和高雅的格调;香,鼓诱情绪、刺激食欲的气味;器,精美适宜的炊饮器具;形,体现美食效果,服务于食用目的的富于艺术性和美感的膳品形态;色,悦目爽神的色泽;味,饱口福、振食欲的滋味;适,舒适的口感;质,原料和成品品质与营养的严格要求,是美食的前提、基础和目的;境,优雅和谐又陶清怡性的宴饮环境;序,一台席面或整个筵宴肴馔在原料、温度、色泽、味型、浓淡等方面的合理搭配,宴饮设计和饮食过程的和谐与节奏、程序等。

“十美风格”原则的形成是中华民族饮食文化和历史文明不断进步,是中国古代饮食审美思想逐渐深化和系统完善的标志。它说明，自遥远的古代，我们民族的先人，尤其是那些杰出的美食家和饮食理论家们，一向非常注重从艺术、思想和哲学等的高度来审视、理解与追求“吃”这一物质活动。饮食文化作为精神和心理因素的一面，始终与物质和生理因素的另一面紧密结合并相互渗透，逐渐形成民族饮食文化特征和完美系统的审美思想。

三、传统思想

在等级制历史上，由于政治势力、经济实力和文化能力等的不同，相应地也决定了人们在社会精神、文化生活上地位的不同，人们被区分为不同的诸多等级阶层并形成相互间有诸多差异的群体类别。在饮食文化层，也会基于等级所形成的食生活与食文化的基本的社会性层次类别，反映在饮食生活中，各个等级之间，在用料、技艺、规格、风格及基本的消费水平和总体的文化特征方面，存在着明显的差异。下面介绍作为实际生活反映饮食思想的部分群体。

（一）贵族的饮食思想

在中国，自奴隶制时代就已经形成了贵族官宦阶级的传统饮食观念，并一直延续了4000年之久。只有他们有权力、有资格作福作威。至于那些等级低下的人则根本没权力也没资格。饮食对于贵族阶层来说，已经远远超越了果腹养生的物质文明层面，甚至完全隐去了这层基本含义，而变成了纯社会意义的吃社会地位、吃等级身份、吃名声气派的政治行为，变成了追求视觉、嗅觉、味觉、感觉的物欲享乐。在漫长的中国等级制历史上，有权、有势、有钱、有闲又有趣好的衣食贵族认为美味是他们的特权。

而今，历史上那些贵族食者不复存在了，但拥有非常消费能力和贵族气派的食客却大有人在。历史上的贵族名义上属于用个人的钱财吃喝玩乐，而今天的公款吃喝挥霍吞噬的则是大众的劳动财富，时代不同，形式有别，本质上是一样的。

（二）百姓的饮食思想

我们说的百姓，是指中国饮食史上广大果腹群民众及小康层中的中等以下的成员。由于百姓的经济脆弱、封闭、保守特性的制约和长期苦于食的困苦饥饿折磨，也由于传统文化中苟安知足人生哲学的影响，广大百姓在数千年的艰难饮食生活实践中形成了自己独特的思想观念。

1.节俭持家

世代不易的艰难生活，养成了中国百姓吃苦耐劳、勤奋节俭的传统，形成了“只有享不了的福，没有吃不了的苦”的典型的中国人的人生观念。土地是有限的，由于人口的增长和生态环境的破坏，野生食料资源的获取渐趋艰难，再加上多年一贯低效率的生产能力，大多数中国人的生活举步维艰，只好在节省开支上动脑筋。于是，在发扬厉行节俭的可贵的民族传统的同时，也有自己头脑中禁锢出了狭隘保守的思维方式，铸就了苟且求安的性格。

2.果腹知足

从古到今，那些在社会底层的群众，人生最大的满足就是每天能有饭吃。中国人对吃高度重视，这同时反映了劳苦大众数千年来为果腹而艰难生产和悲苦生活的现实。人们最关注的只能是迫在眉睫的需要。当一日三餐（经常是二餐，有时是一餐甚至更少）不仅成为一年、一季甚至一月、一日之讲时，当得之可活、失之即死的危机接踵而至时，人们不可能再有其他更长远更美好的理想。而当这种饥馑之虞成年累月，甚至世世代代胁迫着两手空空、一身褴褛几乎一无所有而讨生活的人们时，他们认为自己似乎只是为食而做、为食而活的可怜又可悲的生物。这就是中国历史上数千年间广大穷苦百姓的生活写照。中国俗语“开门七件事，柴米油盐酱醋茶”，说的都是吃，即人们家居生活每天的事无非是为着一张嘴巴，一个肚子，因为它们维系着一个生命。吃反映的是人们的基本生活内容和基本需要，当然也是劳苦民众的基本需求。

3.防备饥荒

由于历史上饥荒发生的高频率和祸害严重，形成了中国社会各阶层都很强的防备饥荒的民族思想观念。因为饥荒到来时首先和受害最深重的总是那些基本食料的生产者，因此下层社会民众深深扎下了极为牢固的防备饥荒观念。“天晴防备天阴，有饭防备没饭”，“有丰年必有歉年”，此类长久流传下来的谣谚，正是这种观念深入民心的证明。自然经济条件下的小农户，即便在丰收年景，除掉租税及种子、饲料必须支出之外，也难以保证有温饱的生活，一遇天灾人祸则立刻陷入灭顶之灾，在封建制度下天灾人祸偏偏又是家常便饭。正是由于常常面临饥荒的恐惧，形成了人们一代又一代防备饥荒的观念。

4.安贫自慰

“百菜不如白菜”，“辣子姓张，越吃越香”，这些世代相传的饮食生活谚语反映的历史内容无疑是十分单调和沉重的。白菜萝卜等蔬菜是百姓长年依赖的大宗品种，既是不可或缺的基本副食原料，也是充当“糠菜半年粮”中“粮”的主要角色。事实上，他们舍此别无选择，那些应时蔬菜、水果上品大多与贫苦百姓的餐桌无缘。于是人们形成了诸如此类的聊以自慰的观点。中国历史上的百姓“安贫乐道”，其“道”便是苟活。只要基本的生活条件不发生根本改变，只要优裕的生活没有成为传统，这种“道”的传统就必将长久并产生影响。

5.“不干不净吃了没病”

“不干不净吃了没病”，这是中国历史上流传很久同时传播范围很广的一句俗谚，是一种典型的下层社会食生活习惯和观念的反映，毋庸置疑，这是一种不卫生、不文明的文化表现。这是中国劳苦大众既没有条件,也极少有可能注重自己食生活卫生的长久苦难生活的实际条件所造成的。仅能遮避风雨的居住条件、露天污染的饮水、蚊虫叮咬过的食物、最原始的洗浴条件等,都是难以变更的既定条件,自古以来他们就是这样一代接一代地生息下来。尽管生态破坏和环境污染越来越严重,尽管各种疫病、流行病毒和"病从口入"的食品和疾病越来越多,也丝毫改变不了"不干不净吃了没病"的传统观念。

(三)素食者的饮食思想

1.准素食者

早在夏、商、周时期,就形成了中国饮食史上一个以广大下层社会劳苦大众为主体的准素食者群,其形成主要是由于成员的个人经济实力和社会经济地位所决定的。其后,在漫长的中国历史上,这一准素食群体不但一直存在着,而且直到20世纪中叶以前,一直呈现逐渐扩大的规律性趋势。而在夏、商、周此后的2000余年历史上,这一群体成员的构成便不再那么简单,他们的社会属性复杂得多了。

当然,其基本成分和主要成因则仍是经济方面的,造成群体扩大的主要原因不外是这样两点:一是社会性贫困化程度的相对加深和极端贫苦层数量的绝对增多,二是社会总人口数量的增长所造成的土地与社会承受力的不平衡。而造成这两个原因的更深刻和复杂的是经济、政治乃至历史和文化的诸多因素。所以称这个群体的成员为准素食者,是因为他们并非人生信念和进食原则上的素食主义者,他们中的绝大部分成员既非素食思想或理论的信奉和力行者,也非饮食生活中真的一点也不吃动物性食料的人。他们只是由于长久和极端贫困生活的逼迫,才成了"食草的动物",并因这种被迫的、自身无法克服的处境而逐渐"习惯"了"食草的动物"的生活。因此,他们的平居之食,一般情况下都是"蔬食菜羹"的结构。从实践意义上看,他们同严格的素食主义者事实上的区别,几乎只是一步之遥。正是由于这个在民族总体数量上占相当大比重的准素食者群在历史上的长期存在,所以说中华民族特别是广大汉族人基本是食素的或以蔬食为主的,也许并不过分。这个准素食者群,基本等同于百姓大众中的果腹者群,因此在饮食观念上也是相同或相通的。

2.道家的长生观

庞杂的道教体系对中国历史文化的影响是极为深刻广泛的,对中国饮食文化的影响同样是巨大的。道教是中国本土的宗教,其宗教体系的成熟约在4世纪以后。道教注重修炼,其具体方法有服饵、内丹、外丹、房中、辟谷等,其中服饵、辟谷等即属于饮食文化的范畴。对中国历代饮食文化和饮食思想产生重大深远影响的方士服饵辟谷、长生成仙思想的出现始于春秋时期,其后直至魏晋成为时尚,在知识界尤其是贵族社会极有影响。南北朝以后也一直不乏实践者,只是近代思想文化的兴起才逐渐使之寂灭。以今天的眼光去看,道家要求素食,是因为他们认为这样才能达到不受寻常食物之害以养生进而长生的目的。

道家和道士们之外，历代那些隐于山林下的隐逸之士，他们的饮食生活与饮食观念，也基本上属于淡泊自然的素食或接近素食类型，其数量虽然不多，但其表率士风、影响舆论作用却颇大，故其饮食习尚、饮食观念对于历代饮食文化的影响不可轻视。

3.佛教戒律的素食思想

于两汉之际传入中国的佛教，在经历了四个多世纪的漫长时期之后，逐渐形成一个数量极其庞大的佛教素食者群体。除了佛门数以百万计的僧尼之外，还有相当数量的持戒信徒居士，他们为“积善”“断恶”“业报”而奉行严格的素食主义。

佛教的素食理论无疑是很适合中国社会土壤的，一是因为中国百姓事实上一直是准素食者群，而佛教徒也基本上由其组成。二是中国传统的“善恶有报”观念和“积阴下民”思想，“积善之家，必有余庆；积不善之家，必有余殃”。佛教的饮食思想和食戒理论，影响中国社会饮食生活和人们的饮食观念，绵绵几千年之久，社会各饮食阶层都受到不同程度的影响。

（四）美食家的饮食思想

美食，指的就是精美的饭菜，美食家就是对菜肴品质鉴定、对膳事情有独钟、艺有所长的人。美食家的思想是突破饮食生活仅为满足生理需要的传统保守观念束缚，并矫正各类奢侈不良倾向的重要力量之一。在近代科学和文明以前，美食家的思想是代表民族饮食文化发展水准的主要标志之一，同时也是民族文明礼貌和健康生活的重要标志。中国历史上的美食家正是基于“物无贵贱皆可入食且各成特点”这一根本原则，才突破了贵族阶级取料务求珍异奢贵的传统观念，将思考的触觉置于合理的物质基础之上，着重把握火候和调味两个基本点，使自己的美食实践升高为一种创造性和充满积极乐趣的艺术活动，形成了视饮食为富于严肃科学精神和轻松愉快情趣的享受品赏过程的思想。

四、当代思想

生命是宝贵的，每一个生命都应受到尊重和呵护。在当代中国，温饱问题已基本解决，现已提升到尊重生命、关怀生命、呵护健康的层次，因此在饮食思想上有进一步的变化。时下由于各种因素的存在，人类的饮食正面临一场将危及人类生存的厄难。科学发展了，动物养殖技术使得肉用动物的成长期缩短，使得人们承受着可以预见的灾难。我们的身体健康被侵害，而我们却无能为力。再加上大气污染、农药残留、食品添加剂的滥用等，都给我们的饮食造成了很大的危害。因此提倡科学、健康饮食已经成为当今的饮食思想的主题。

首先，人们要重视饮食。饮食是国民之天，更是人生之本。应该把饮食看成是人类生存、养益的根本所在。

其次，饮食讲究时、节、度。饮食讲究节度，不暴饮暴食，这是中华民族一直所提倡的养生之道。甚至宴席上，也不能因有自己偏爱的菜肴而过度进食。进餐不仅要有节制和适量，还要按时、按季节的需要定时、定量进餐。《素问·上古天真论》说："饮食有节，起居有常，不妄作劳，故能形与神俱，而尽终其天年，度百岁乃去。"明确指出了饮食要有节制，否则易生疾病。

再次，饮食讲究卫生、安全、营养。现在人们对食品的安全问题越来越重视。尤其是近几年，国际上发生了二噁英污染、疯牛病、口蹄疫、禽流感等污染食物、危及人类生命的疾病，为免受其害，各国纷纷在食品的生产、加工、销售以及进出口上采取了更加严格的管理措施，进一步完善了相关的法律法规和安全技术标准。

最后，绿色食品、有机食品越来越受到消费者的青睐。这些食品虽起步晚，但发展快，目前正向标准化、系列化、规范化和产业化的方向发展；各类健康及具有预防、治疗疾病或有助于病后康复等调节身体功能的各种功能性食品，将得到较快发展并占据越来越大的市场份额。

五、速食时代

一向讲究色、香、味、形俱全的国人越来越深切地体会到传统买菜、淘米、切菜、烧菜做饭程序与快节奏的现代生活格格不入，因而方便、快捷食品日益走俏。为了适应人们工作、生活快节奏、高效率的迫切需要，市场上花样繁多的净菜、配菜、方便主食及各种冷冻、微波、旅游食品等，越来越受到欢迎。目前，全世界方便食品的品种已超过了 1.5 万种，有向主流食品发展的趋势。冷冻食品向小包装、多品种、调理简单方便的家庭化方向发展。

现代科技的发展给人类生活带来更多便捷。真空包装与高温高压除菌等技术处理使速冻食品新鲜度至少可保持一周以上，而最新的调理技术可使食品在常温下保持达半年以上。据有关资料表明，21 世纪饮食将体现五大特点：方便、快捷、营养、安全、无公害。我们可以预见，在传统烦琐的饮食习惯逐步被快捷方便的速食时代所取代的同时，我们有限的时间资源必将创造出更精彩的生活空间。

本章小结

中国饮食拥有辉煌灿烂的历史，其重要的原因是它拥有众多的美食创造者、制作者、美食家，为中国饮食进一步的发展做好铺垫。伴随饮食烹饪等的进步，处在社会的阶层不同、信仰不同的人群，造就了不同的饮食思想观念，从而影响后人的饮食生活习惯等，也推动饮食的多元化发展。

思考与练习

一、基本训练

(一)概念题

五味

(二)选择题

1.下面几个人物中(　　)不属于传说中的厨神。

A.彭祖　　B.詹王　　C.灶王　　D.陆羽

2.下面与忽必烈有关的一道名菜是(　　)。

A.红烧肉　　B.涮羊肉　　C.炒大粉　　D.蝴蝶鳝片

3.李调元的(　　)对后世川菜的不断发展、不断完善起了很大的促进作用。

A.《醒园录》　　B.《童山诗集》　　C.《雨村诗话》　　D.《童山文集》

(三)简答题

1.“十美风格”具体内容是什么?

2.中国老百姓的饮食思想有哪几个特点?

(四)问答题

1.要做到五味调和,需要哪几方面的搭配适宜?

2.现在人们饮食思想有哪些特点?

二、理论与实践

分析题

1.中国历史上对饮食进步起重要推动作用的人物有哪些?都做了哪方面的贡献?

2.素食者和百姓大众中的果腹者群在最初饮食观念上为什么具有相同之处?

主要参考书目

[1]李曦.中国饮食文化[M].北京:高等教育出版社,2002.
[2]华国梁.中国饮食文化[M].大连:东北财经大学出版社,2002.
[3]杜莉.中国饮食文化[M].北京:旅游教育出版社,2013.